Mata Pohl

Clickertraining

Positive Bestärkung in der Pferdeerziehung

Bibliografische Information der Deutschen Nationalbibliothek
Die Deutsche Nationalbibliothek verzeichnet diese Publikation in der Deutschen Nationalbibliografie; detaillierte bibliografische Daten sind im Internet über http://dnb.d-nb.de abrufbar.

Fotograf: Antje Klingelhöfer
Satz, Umschlaggestaltung, Herstellung und Verlag:
Books on Demand GmbH, Norderstedt
ISBN 978-3-8370-2267-4

Inhalt

Einleitung

Die meisten von Ihnen haben sicherlich schon einmal vom Clickertraining gehört oder es vielleicht sogar schon selbst ausprobiert, es ist ja schließlich keine ganz neue Erscheinung mehr in der Ausbildung von Tieren. Auf den Hundeplätzen hat es sich mittlerweile recht gut etabliert, im Pferdesport ist es jedoch immer noch eine Randerscheinung, und wer es anwendet, wird meist belächelt. Aber das Clickertraining taugt für weit mehr als für nette Spielereien im Pferdealltag und kann sehr sinnvoll in der Ausbildung von Pferden und auch zur Therapie von unerwünschtem Verhalten eingesetzt werden. Ich selbst habe das Clickertraining im Jahr 2002 kennen gelernt, und seitdem ist es mir ein nützliches Trainingsutensil bei meiner Arbeit mit Pferden und anderen Tieren. Mir gefallen grundsätzlich keine Trainingsmethoden, die keinen Platz für andere Methoden oder neue Erfahrungen lassen. Deshalb verstehe ich das Clickertraining nur als eine Möglichkeit, um auf möglichst entspannte und pferdefreundliche Art mit dem mir anvertrauten Lebewesen zu kommunizieren. Sicherlich gibt es noch viele weitere Methoden, um die in diesem Buch aufgezeigten Ziele zu erreichen, vielleicht sogar bessere, das möge jeder für sich selbst abwägen. Auf jeden Fall ist das Clickertraining aber eine Lernmethode, die mit Spaß, Motivation und Kreativität zum Ziel führt, und das hoffentlich nicht nur auf meiner Seite, sondern auch auf Seiten des Pferdes. Das Clickertraining ist mehr als nur eine Trainingsmethode, die sich einer kleinen Plastikbox mit einem Metallblättchen bedient. Wer dies denkt, hat den eigentlichen Grundsatz des Clickertrainings nicht verstanden, denn nur weil ich einen Clicker benutze, hat das noch nicht automatisch etwas mit Clickertraining zu tun. Ich kann genauso gut nach den Grundlagen des Clickertrainings arbeiten, ohne jemals einen Clicker in der Hand gehabt zu haben.

Das Clickertraining steht für das Lernen durch positive Bestärkung. Ich versuche, dies, so weit es geht, in meinem täglichen Training umzusetzen, was nicht bedeutet, dass ich niemals Bestrafung einsetze. Denn ohne Bestrafung ist ein effektives Training gar nicht möglich, auch wenn dies von manchen Trainern behauptet wird. Diese Trainer nennen die Bestrafung dann nur nicht beim Namen, sondern verpacken sie in schöne Worte wie Korrektur oder Ähnliches, doch hierzu später mehr.

Wissenschaftliche Studien haben gezeigt, dass alle Organismen am besten lernen, wenn sie weder ängstlich noch gestresst sind, und dies erreicht man am besten durch positive Bestärkung. Also ein mehr als guter Grund, es einmal mit dem Clickertraining zu versuchen, denn wie leicht passiert es, dass wir während des Trainings ungeduldig oder ärgerlich werden, weil unser Pferd nicht das tut, was wir von ihm wollen, und dadurch die Situation immer festgefahrener wird.

Ein wenig Theorie muss sein

Das Clickertraining ist eine auf den Erkenntnissen der Verhaltensforschung beruhende Trainingsmethode, die ihren Namen von dem so genannten Clicker hat. Hierbei handelt es sich um eine Plastikbox, in deren Inneren sich ein Metallblättchen befindet, mit dem man ein Geräusch erzeugen kann: *klick klack*, ähnlich wie ein Knackfrosch. Mit diesem Geräusch wird ein erwünschtes Verhalten markiert, und zwar genau in dem Moment, in dem unser Pferd dieses Verhalten zeigt. Der Clicker wird als so genannter konditionierter Bestärker genutzt.

Was ist ein Bestärker?

Ein Bestärker ist zunächst einmal alles, was das Pferd mag und für das es bereit ist, sein Verhalten zu ändern. Dies kann Futter sein, eine kurze Ruhepause, das Kraulen an einer bestimmten Stelle, die das Pferd alleine nicht erreichen kann, also alles, was das Pferd von Natur aus als angenehm empfindet. Der Bestärker, für den das Pferd bereit ist, sein Verhalten zu ändern, kann von Pferd zu Pferd verschieden sein. Viele Pferde reagieren sehr gut auf Futter. Worauf Ihr Pferd besonders gut reagiert, wissen Sie vielleicht schon, sonst finden Sie es heraus. Ein Bestärker bestärkt ein Verhalten, wenn es gleichzeitig mit diesem Verhalten auftritt, und bewirkt, dass dieses Verhalten in Zukunft öfter auftritt, denn es hat dem Pferd etwas eingebracht, das es gerne haben möchte. Lassen Sie mich dies mit einem kurzen Beispiel verdeutlichen:

Wir stehen auf der Weide und unser Pferd wühlt in unserer Jackentasche herum. Daraufhin geben wir dem Pferd ein Leckerli. Für die meisten von uns war dies sicherlich keine Trainingssituation. Training beschränken viele auf die Reitbahn oder andere bestimmte Situationen, aber woher soll das Pferd wissen, ob es nun Training ist oder wir nur so unsere Zeit mit dem Pferd verbringen? Dem Pferd ist es egal, ob wir es von der Wiese holen oder einen fliegenden Galoppwechsel reiten (auch wenn das Zweite sicherlich anstrengender ist). Was ich sagen will, ist, dass für das Pferd jede Interaktion mit uns eine Art von Training ist. Wenn wir unserem Pferd also ein Leckerli geben, wenn es in unserer Jackentasche wühlt, so lernt das Pferd in diesem Moment: *Wenn ich in der Jackentasche wühle, bekomme ich ein Leckerli.* Wenn unser Pferd Leckerlis mag, so sind sie ein Bestärker für das Pferd und es wird in Zukunft noch häufiger, und wahrscheinlich auch mit mehr Ausdauer und Nachdruck, in unserer Jackentasche wühlen, da dieses Verhalten ihm in der Vergangenheit ein Leckerli eingebracht hat, also etwas, das es gerne haben möchte.

Der Clicker – ein konditionierter Bestärker

Der Clicker ist ein konditionierter Bestärker, man könnte auch von einem antrainierten Bestärker sprechen. Der Click ist ohne entsprechendes Training für kein Pferd ein Bestärker, es ist zu Beginn nichts weiter als ein neutraler Reiz. Durch das entsprechende Training – die klassische Konditionierung, auf die ich später genauer zu sprechen komme – lernt das Pferd, dass der Click ihm eine Bestärkung, wie etwa ein Leckerli, einbringt. Einige werden sich jetzt sicherlich fragen, wieso sie überhaupt einen konditionierten Bestärker wie den Clicker brauchen und nicht direkt den primären Bestärker, also beispielsweise ein Leckerli, benutzen können. Der Vorteil liegt darin, dass ein konditionierter Bestärker das Problem des richtigen Timings löst. Es ist viel einfacher, genau in dem Moment zu clicken, in dem das gewünschte Verhalten auftritt, als genau im richtigen Moment ein Leckerli zu geben. Wenn der Bestärker nur wenige Sekunden später auftritt, so markiert er vielleicht schon wieder ein anderes Verhalten, das wir gar nicht bestärken möchten. Beispiel:

Ich stehe mit meinem Pferd vor einer Plastikplane, die auf dem Boden liegt, und möchte es bestärken, wenn es den ersten Huf auf die Plane setzt. Habe ich ein Leckerli bereits in der Hand, so wird das Pferd vielleicht schon nach dem Leckerli betteln oder zumindest seine gesamte Aufmerksamkeit nicht mehr auf die Plane richten. Habe ich das Leckerli noch in meiner Tasche, so dauert es einige Sekunden, bis ich es aus der Tasche herausgeholt habe und dem Pferd gebe. Vielleicht hat mein Pferd in dieser kurzen Zeit aber damit begonnen, auf der Plane zu scharren, um den Untergrund zu überprüfen. Ein Verhalten, das ich jedoch nicht bestärken möchte. Wenn ich also jetzt noch ein Leckerli gebe, kann mein Pferd denken, dass es für das Scharren bestärkt wurde. Noch schwieriger wird es, wenn das Pferd nicht direkt neben mir ist, sondern sich einige Meter entfernt von mir befindet, wenn ich es bestärken möchte. Beispiel:

Vielen Pferden fällt es zu Beginn ihrer Ausbildung schwer am Putzplatz ruhig angebunden zu stehen. Solange man sie putzt und sich mit ihnen beschäftigt, geht es zumeist noch, doch wenn Sie sich einige Meter entfernen, um beispielsweise etwas zu holen, so fangen viele Pferde an zu scharren oder bleiben nicht mehr ruhig stehen. Jedes Mal, wenn Sie schimpfen oder zu Ihrem Pferd zurückgehen, steht es wieder ruhig, doch leider ist dieser Erfolg nie von langer Dauer. Es wäre also viel sinnvoller, das Pferd fürs richtige Verhalten, das Stillstehen, zu bestärken, als es für das falsche Verhalten, das Scharren, zu bestrafen. Aber wie stellen Sie es an, damit Sie aus einiger Entfernung Ihr Pferd mit einem Leckerli bestärken in dem Moment, in dem es stillsteht. Einem Hund könnten Sie vielleicht noch das Leckerli zuwerfen und er würde es aus der Luft fangen, bei einem Pferd wird die Angelegenheit schon etwas schwieriger. Im richtigen Moment zu clicken stellt dagegen kein Problem dar, egal ob Sie direkt neben dem Pferd stehen, fünf Meter entfernt oder 10 Meter entfernt, der Click kommt immer genau im richtigen Moment. Dass das Leckerli erst einen kurzen Moment später kommt, stört nicht, wichtig ist der Moment des Clicks.

Sie können anstelle des Clickers auch einen anderen konditionierten Bestärker nutzen, auf den Sie Ihr Pferd ebenso wie auf den Clicker konditionieren. Viele Menschen ziehen es vor, die eigene Stimme zu benutzen, die sicherlich den Vorteil hat, dass sie immer dabei ist. Wichtig ist bei einem konditionierten Bestärker, dass dieser ein kurzes Signal ist, einzigartig – was bedeutet, dass das Signal nicht im alltäglichen Leben gebraucht wird – sowie gut bemerkbar ist. Wenn Sie also Worte wie *gut gemacht* oder *fein* benutzen, so sind diese teilweise länger als ein Click und können folglich nicht so exakt das erwünschte Verhalten markieren oder gehen im allgemeinen Sprachgebrauch zu leicht unter. Sie sollten also ein sehr kurzes, prägnantes Wort wählen, das Sie sonst nie benutzen. Wenn ich den Clicker nicht benutze, so verwende ich ein dänisches Wort, da dies in meinem normalen Sprachgebrauch nie vorkommt.

Gerade für Clickerneulinge finde ich es ratsam, zunächst mit dem Clicker zu beginnen, da die Erfahrung zeigt, dass die meisten Personen mit dem Clicker präziser sind und ein besseres Timing haben. Wenn Sie den sozialen Aspekt des Trainings nicht vergessen und Ihrem Pferd weiterhin Kontakt und soziale Akzeptanz entgegenbringen, so spricht nichts gegen den Gebrauch eines mechanischen Trainingsutensils wie des Clickers.

Spaß muss sein!

Was für mich den Reiz des Clickertrainings ausmacht, ist die Tatsache, dass es relativ leicht zu erlernen ist – wenn man den theoretischen Hintergrund verstanden hat – und man beim Einsatz von positiver Bestärkung kaum etwas falsch machen kann. Die größte Schwierigkeit liegt für Neulinge im richtigen Timing, also dem Moment, in dem man clickt, und dass man fast immer eine Hand zu wenig hat. Hat man jedoch die Grundlagen verstanden, so kann der Clicker auch ohne weiteres von Kindern oder nicht reitenden Partnern eingesetzt werden. Oft ist es sogar so, dass Menschen ohne vorherige Trainingserfahrung den Umgang schneller erlernen als Menschen, die schon lange im Pferdesport aktiv sind, da diese häufig mit anderen Methoden vergleichen oder schon festgefahrener in ihrer Ausbildungsweise sind.

Ein weiterer Vorzug dieser Ausbildungsmethode ist in meinen Augen der Spaß. Und hiermit meine ich nicht nur den Spaß und die positive Einstellung bei mir als Trainer – übrigens eine sehr wichtige Voraussetzung für gutes Training –, sondern besonders bei den Pferden. Man sieht den Pferden an, dass sie gerne lernen und gezielt versuchen, etwas Neues zu lernen, was ihnen einen Click einbringt. Besonders deutlich sieht man dies immer bei älteren, gut gerittenen Pferden, die als Ergänzung zu ihrer klassischen Ausbildung auch mit dem Clicker gearbeitet werden. Sie haben im Rahmen ihrer mehrjährigen Ausbildung gelernt, dass der Reiter agiert und sie als Pferd zu reagieren haben. Diesen Pferden fällt es zu Beginn sehr schwer, die Initiative zu ergreifen, und der Ausbilder braucht hier viel Geduld und Geschick. Haben diese Pferde jedoch verstanden, worum es beim Clickertraining geht, so sieht man eine Veränderung bei den Pferden, sie werden viel offener und aktiver. Dies liegt daran, dass Clickertraining auf Zwang und Druck verzichtet, die Pferde dürfen Fehler machen, ohne eine Bestrafung zu erwarten, das Einzige, was passiert, ist, dass sie nicht bestärkt werden. Dies führt natürlich zu mehr Motivation, Kreativität und Spaß auf Seiten des Pferdes.

Stellen Sie sich einmal vor, Sie sind wieder in der Schule und der Lehrer stellt Ihnen eine Frage. Wenn Sie eine falsche Antwort geben, ermutigt der Lehrer Sie, es erneut zu versuchen, bis Sie die richtige Antwort gefunden haben, und gibt Ihnen Hilfestellung, um diese Antwort zu finden. Sie werden bestimmt Spaß an diesem Unterricht haben und in der nächsten Stunde wieder motiviert mitarbeiten und versuchen, die richtigen Antworten zu finden. Jetzt stellen Sie sich einen Lehrer vor, der Sie vor der ganzen Klasse bloßstellt oder eine Strafarbeit machen lässt, weil Sie eine falsche Antwort gegeben haben, und so tut, als hätten Sie mit Absicht falsch geantwortet. Sind Sie motiviert bei diesem Lehrer mitzuarbeiten? Ich wäre es nicht und würde immer inaktiver werden und gar nicht mehr antworten, um ja nichts Falsches zu sagen und weiteren Strafen zu entgehen. In der Pferdeausbildung ist es eigentlich nicht anders, doch trotzdem verhalten sich leider immer noch viele Ausbilder und Reiter wie der zweite Lehrer.

Geschichte des Clickertrainings

Auch wenn das Clickertraining in der Pferdeausbildung noch keinen besonders hohen Stellenwert einnimmt, so liegen die Ursprünge des Clickertrainings doch schon etliche Jahre zurück. Bereits in den 1940er Jahren entdeckte der Verhaltensforscher Burrhus Frederic Skinner bei seinen Experimenten, dass Tiere auf ein Geräusch reagieren, das ihnen eine Belohnung ankündigt. Zwei Studenten von Skinner, Keller und Marian Breland, übertrugen dieses Wissen 1945 in die „reale Welt". Im Laufe der Jahre wurden so Tiere für verschiedene Showvorführungen, Filmproduktionen, aber auch für militärische Zwecke in den USA mit Hilfe dieser Methode trainiert. In den 1960er Jahren begann man, vermehrt Delfine für Shows mit Clickertraining zu trainieren, da man erkannte, dass die Tiere stressfreier und besser lernten als mit den herkömmlichen Korrekturmethoden und viele Dinge durch diese Art des Trainings erst möglich wurden. Karen Pryor wurde eine der bedeutenden Persönlichkeiten im Clickertraining und verfasste zahlreiche Veröffentlichungen zu dieser Trainingsmethode. Anfang der 1990er Jahre tat sie sich mit dem Hundetrainer Gary Wilkes zusammen und es fanden die ersten Clickerkurse für Hunde statt. Kurze Zeit später wurde man auch in Deutschland auf diese Trainingsmethode aufmerksam, die sich mittlerweile im Hundesport etabliert hat. Während in den USA mittlerweile auch die Pferdewelt den Clicker für sich entdeckt hat, ist er in Deutschland immer noch eine Randerscheinung, was sich in den kommenden Jahren vielleicht ändern wird.

Das Lernverhalten der Pferde

Wenn wir mit Pferden umgehen oder sie trainieren möchten, so müssen wir uns zuerst bewusst machen, wie Pferde sich verhalten und wie sie lernen und dass dies unterschiedlich ist zu uns Menschen. Der größte Unterschied ist sicherlich die Tatsache, dass das Pferd ein Pflanzenfresser und Fluchttier ist, während wir Menschen Fleischfresser und Jäger sind, also eigentlich der natürliche Feind jedes Pferdes. Wir können uns diese Tatsache gar nicht oft genug vergegenwärtigen, denn viele Probleme, die im Umgang mit Pferden auftauchen, haben hier ihre Ursache. Nehmen Sie nur die Ställe, die wir für unsere Pferde bauen. Die meisten Menschen wissen nicht einmal, wie es dazu kam, Pferde in Ställen zu halten, und denken, dies wäre eine artgerechte Unterbringung. Aus unserer Sicht als Höhlenbewohner ganz bestimmt, so sind wir den Wettereinflüssen nicht ausgesetzt und können uns in einen begrenzten Raum zurückziehen. Doch Pferde sind Herdentiere und Fluchttiere. Sie benötigen die Herde und die Weite um sich sicher zu fühlen. Wenn wir sie also in eine Box sperren oder mit einem Pferdeanhänger transportieren, so erscheinen uns diese Dinge wie selbstverständlich, aber sie sind für unser Pferd zuerst einmal eine potenzielle Gefahr und gegen die Natur des Pferdes. Durch langjährige Zuchtauswahl hat sich die Mehrheit unserer heutigen Haustiere mit diesen Gegebenheiten mehr oder weniger gut arrangiert, wir sollten jedoch nicht vergessen, dass sie eigentlich gegen die Natur des Pferdes sind.

Wenn Pferde also bestimmte Dinge nicht machen, wie in einen Anhänger oder über eine Brücke gehen, oder eine bestimmte Lektion beim Reiten nicht ausführen, so hört man häufig: *Das blöde Vieh will dich nur ärgern.* Oder: *Der hat einfach keine Lust.* Doch Pferde wollen uns nicht ärgern, dies ist eine rein menschliche Vorstellung. Das Pferd hat keinen Vorteil, wenn es uns ärgert, eher sogar einen Nachteil, wenn es auf einen ungeduldigen Trainer trifft. Hat unser Pferd keine Lust zum Training, so ist dies auch in erster Linie auf uns als Trainer zurückzuführen, denn wir haben es nicht geschafft, das Pferd zu motivieren, so dass es mit Spaß bei der Sache ist. Und manchmal haben wir einfach nur dem Pferd die Lerninhalte schlecht vermittelt, so dass es diesem auch bei größtem Bemühen nicht möglich war, unsere Anforderungen zu erfüllen.

Unsere Pferde lernen über Gewöhnung, Nachahmung, Prägung und Konditionierung. Der Begriff der Konditionierung beschreibt das Erlernen von bestimmten Reaktionen auf einen bestimmten Reiz. Man unterscheidet zwischen klassischer und operanter Konditionierung. Da diese beiden Lernarten dem Clickertraining zugrunde liegen, möchte ich sie im Folgenden genauer erläutern.

Klassische Konditionierung

Die klassische Konditionierung geht auf den Mediziner Iwan Pawlow zurück, der diese Lerntheorie eher zufällig bei einem Experiment über Speichelsekretion bei Hunden entdeckte. Pawlow fiel auf, dass die Hunde bei gleichem Ablauf des Experiments bereits einige Zeit vor der Futtergabe anfingen zu speicheln, so dass nicht der Anblick oder Geruch des Futters der Auslöser zum Speicheln sein konnte, sondern dies eine andere Ursache haben musste. Um diese herauszufinden, ließ Pawlow mit der Fütterung eine Glocke ertönen. Nach einigen Wiederholungen reichte bereits das Glockenläuten aus, um den Speichelfluss bei den Hunden hervorzurufen. Durch die mehrmalige Koppelung des Glockentons (neutraler Reiz), der bei den Hunden zu Beginn keine Reaktion hervorrief, mit dem Futter (unkonditionierter Reiz) schenkten sie dem Glockenton Beachtung und assoziierten ihn mit dem Futter und der damit verbundenen Reaktion (Speichelfluss), so dass schlussendlich der Glockenton allein ausreichte, um die Reaktion des Speichelflusses auszulösen.

Bei der klassischen Konditionierung wird also ein neutraler Reiz (Clicker) mit einem unkonditionierten Reiz (Futter) gekoppelt und dadurch zu einem konditionierten Reiz, der nach mehrfacher Wiederholung eine ähnliche Reaktion wie der unkonditionierte Reiz hervorruft (Wohlbefinden).

Unkonditionierter Reiz (Futter) → unkonditionierte Reaktion (Wohlbefinden)
Neutraler Reiz (Clicker) + unkonditionierter Reiz → unkonditionierte Reaktion
Mehrfache Wiederholung des Vorganges neutraler Reiz + unkonditionierter Reiz
Konditionierter Reiz (Clicker) → konditionierte Reaktion (Wohlbefinden)

Auch wenn sich das in der Theorie jetzt alles sehr kompliziert anhört, in der Praxis ist es relativ einfach, und Sie alle haben bereits klassische Konditionierung in der Pferdeausbildung angewandt, wenn vielleicht auch nicht bewusst. Wörter wie *gut gemacht* oder *fein* oder das Klopfen am Hals haben zunächst keinerlei Bedeutung für ein Pferd. Wenn Sie Ihrem Pferd jedoch ein Leckerli geben und es dabei klopfen oder *fein* sagen und dies regelmäßig tun, so wird Ihr Pferd nach einiger Zeit das Klopfen oder *fein* mit etwas Angenehmem verbinden. Sie haben Ihr Pferd auf das Klopfen oder das Wort *fein* konditioniert.

Auch die Verbindung eines bestimmten Verhaltens mit einem Signal findet über klassische Konditionierung statt. Zu Beginn der Ausbildung wird das Wort *Halt* keinerlei Bedeutung für ein Pferd haben. Sagen Sie es jedoch immer, kurz bevor Sie Ihr Pferd anhalten, so wird das Pferd nach vielen Wiederholungen das Wort mit dem Verhalten verknüpfen. Schließlich wird das Wort *Halt* dazu führen, dass das Pferd anhält.

Operante Konditionierung

Man bezeichnet die operante Konditionierung auch als Lernen durch Versuch und Irrtum, denn sie basiert darauf, dass das Pferd etwas über die Konsequenzen seines eigenen Handelns lernt. Lassen Sie mich das mit Hilfe eines Beispiels erklären: Ein angebundenes Pferd scharrt am Anbindeplatz. Daraufhin bekommt es etwas zu fressen, damit es ruhig steht. Das Futter wird die Wahrscheinlichkeit erhöhen, dass das Pferd das nächste Mal am Anbindeplatz wieder scharren wird. Wäre das scharrende Pferd dagegen ignoriert worden, so wird es in Zukunft wahrscheinlich weniger häufiger scharren, wenn es angebunden ist, da dieses Verhalten zu nichts geführt hat.

Bei der operanten Konditionierung hat jedes Verhalten Konsequenzen. Diese Konsequenzen können sowohl eine Bestärkung als auch eine Bestrafung sein. Bestärkungen sind all jene Dinge, die dazu führen, dass ein bestimmtes Verhalten in Zukunft häufiger gezeigt wird.

Eine Bestrafung bewirkt, dass ein bestimmtes Verhalten in Zukunft weniger gezeigt wird.

In der Lerntheorie werden Bestärkung und Bestrafung noch einmal in positiv und negativ aufgeteilt. Die Begriffe positiv und negativ bezeichnen in diesem Fall, ob etwas hinzugefügt wird (positiv) oder entzogen bzw. entfernt wird (negativ).

	Bestärkung	Bestrafung
Positiv	Etwas Angenehmes wird hinzugefügt	Etwas Unangenehmes wird hinzugefügt
Negativ	Etwas Unangenehmes wird entfernt	Etwas Angenehmes wird entzogen

Beispiel positive Bestärkung:
Unser Pferd hat eine schwierige Lektion besonders gut gemeistert und wird dafür verbal gelobt, erhält ein Leckerli oder darf einige Sekunden verschnaufen. Positive Bestärker sind all jene Dinge, die unser Pferd als angenehm empfindet, für die es sich im Training anstrengt, um sie zu erhalten.

Beispiel negative Bestärkung:
Zum Anhalten unter dem Reiter wird der Zügel angenommen. Wenn das Pferd stehen bleibt, gibt der Reiter nach. Das Nachgeben des Zügels, und damit das Nachlassen des Drucks stellt eine Bestärkung dar und ist negativ, weil der Druck weggenommen wird.

Beispiel positive Bestrafung:
Das Pferd soll auf den Anhänger geführt werden, bleibt jedoch auf der Anhängerklappe stehen. Daraufhin bekommt das Pferd einen Schlag mit der Gerte. Dieser Schlag und das damit verbundene unangenehme Gefühl für das Pferd ist eine positive Bestrafung.

Beispiel negative Bestrafung:
Das Pferd scharrt am Anbindeplatz, um unsere Aufmerksamkeit oder Leckerlis zu bekommen. Wir ignorieren das Pferd, das heißt, wir fassen es nicht an, wir schauen es nicht an und wir sprechen es nicht an. Für Pferde als soziale Tiere stellt das Ignorieren, also das Entziehen von sozialem Kontakt eine Bestrafung dar. Dies gilt natürlich nicht, wenn das Pferd nicht auf den Menschen sozialisiert ist.

In der Theorie sind klassische und operante Konditionierung zwei scheinbar voneinander getrennte Lernmethoden, doch in der Praxis überschneiden sie sich und sind nicht streng getrennt voneinander zu sehen. Lassen Sie mich das an einem Beispiel veranschaulichen: Sie geben Ihrem Pferd das Stimmkommando *Halt* zum Anhalten, Ihr Pferd hält an und Sie clicken und geben ein Leckerli. Dass Ihr Pferd als Antwort auf das

Stimmkommando *Halt* angehalten hat, ist klassische Konditionierung. Es verbindet ein gelerntes Kommando (*Halt*) mit einem bestimmten Verhalten, dem Anhalten. Als Konsequenz auf das Anhalten Ihres Pferdes haben Sie geclickt und ein Leckerli gegeben. Die positive Bestärkung (Click und Leckerli) ist eine Konsequenz auf das gezeigte Verhalten und somit operante Konditionierung.

Wie bringen wir Pferden etwas bei?

Es gibt sicherlich viele gute Wege, Pferden etwas beizubringen, wobei keiner dieser Wege neu ist, noch irgendein Geheimnis, denn jeder Trainer hat von einem anderen gelernt. Man sollte jede Quelle nutzen, aus der man lernen kann. Bücher lesen, Videos anschauen, gute, aber auch schlechte Trainer beobachten, Kurse besuchen und mit vielen verschiedenen Pferden arbeiten – man darf niemals aufhören zu lernen und muss immer offen bleiben für neue Ideen. Nur wenn man dies macht und immer offen bleibt für neue Methoden, kann man ein großes Spektrum an Wissen und Möglichkeiten sammeln und wird damit in der Lage sein, vielen Pferden gerecht zu werden.

Beim Clickertraining orientiert sich der Lernansatz stark an der Lerntheorie. Vielen werden diese Ansätze sicher bekannt vorkommen, nur haben Sie sie vielleicht bis jetzt nicht so bewusst wahrgenommen und ausgeführt. Das Lernen bzw. Lehren durch Clickertraining läuft hauptsächlich in vier Phasen ab, die aufeinander aufbauen, bis man davon sprechen kann, dass ein Verhalten erlernt ist, also von unserem Pferd beherrscht wird.

Das Verhalten formen
Ein Signal hinzufügen
Die Bestärkung variieren
Das Verhalten in das Repertoire des Pferdes integrieren

Was versteht man unter Formen?

Wie bringen wir unser Pferd dazu, eine Vorhandwendung zu machen oder in einen Anhänger zu gehen? Alle diese komplexen Vorgänge bringen wir unseren Pferden mit Hilfe des Formens bei. Dazu wird ein kleiner Ansatz eines Verhaltens in die richtige Richtung aufgenommen und dieser positiv bestärkt, bis man schließlich zum endgültigen Ziel kommt. Dieser Vorgang der sukzessiven Annäherung an das Ziel wird als Formen bezeichnet. Ein Verhalten zu formen ist deswegen möglich, weil jedes Verhalten, das ein Lebewesen zeigt, nie genau einem anderen entspricht. Egal was ein Lebewesen tut, es wird dies mal mit mehr oder weniger Nachdruck tun oder in einer kleinen Abwandelung. Daraus folgt, dass sich das gewünschte Endziel, egal wie ausgeklügelt oder schwierig es ist, durch eine Reihe von Zwischenzielen erreichen lässt.

Lassen Sie mich diese Theorie mit einem Beispiel verdeutlichen:

Sie möchten, dass Ihr Pferd beim Auftrensen seinen Kopf senkt, damit Sie sich nicht mehr so nach oben recken müssen. Sie stellen sich mit der Trense in der Hand neben das Pferd und warten, dass es seinen Kopf zufällig etwas nach unten bewegt. Sobald es dies tut, clicken Sie und geben ein Leckerli. Wenn Sie dies regelmäßig machen, werden Sie bald ein Pferd haben, das seinen Kopf ziemlich häufig nach unten senkt. Da jedes Absenken des Kopfes nie genau identisch mit einem anderen Absenken ist, mal ist es etwas tiefer, mal ist der Kopf schräger, können Sie ab nun nur noch das Absenken bestärken, das ihrem Endziel am nächsten kommt. Wenn Sie möchten, dass Ihr Pferd seinen Kopf bis auf Höhe Ihrer Oberarme absenkt, so werden Sie nur noch clicken, wenn es den Kopf besonders tief senkt, und nicht mehr, wenn es nur wenige Zentimeter sind. Auf diese Weise erreichen Sie nach und nach das erwünschte Verhalten.

Beim Trainieren von komplexerem Verhalten, wie beispielsweise einer Vorhandwendung, wird das Prinzip des Formens in der Pferdeausbildung meist nicht allein genutzt, sondern in Kombination mit anderen Methoden, wie beispielsweise der negativen Bestärkung. Sie warten also nicht, bis das Pferd von sich aus eine seitliche Bewegung mit der Hinterhand machen wird, sondern üben mit der Gerte bzw. dem Schenkel einen leichten Druck aus. Weicht das Pferd diesem Druck mit der Hinterhand zur Seite aus, so lässt der Druck sofort nach und Sie clicken und geben ein Leckerli.

Der Vorteil der Kombination des Formens mit anderen Methoden ist, dass Sie Ihr Endziel meist schneller erreichen als mit dem Formen allein.

Clickerspiel

Um diesen sehr wichtigen Vorgang des Formens noch besser zu verstehen, möchte ich Ihnen ein kleines Spiel ans Herz legen, das Ihnen hilft, ein besserer Trainer zu werden und Ihr Pferd besser zu verstehen.

Sie müssen für dieses Spiel mindestens zu zweit sein, einer übernimmt die Rolle des Trainers und einer die Rolle des Schülers (Pferd). Zu Beginn einigen Sie sich auf einen konditionierten Bestärker, den Sie nutzen wollen. Dies kann entweder der Clicker sein oder auch ein bestimmtes Wort wie *fein* oder *ja*. Dann überlegt sich der Trainer ein Verhalten, das er dem Schüler beibringen möchte. Wenn Sie sich im Haus befinden, können das Dinge sein wie das Licht an- oder ausschalten, sich auf einen Stuhl setzen oder um den Tisch herumlaufen. Dann beginnen Sie mit dem Training, das heißt, der Schüler beginnt, im Raum herumzugehen oder auch bestimmte Dinge zu tun, während der Trainer ihn sehr gut beobachten muss und immer genau in dem Moment clickt bzw. das verabredete Zeichen gibt, wenn der Schüler einen Schritt in die Richtung des Endziels macht. Wenn das Endziel ist, dass der Schüler das Licht anmacht, so kann ein Blick oder ein Schritt in die richtige Richtung ein Click sein. Als Trainer werden Sie merken, wie wichtig das richtige Timing ist und wie schnell es gehen kann, dass der Schüler in eine andere Richtung denkt und ein anderes Ziel verfolgt. Als Schüler werden sie noch weit mehr über das Training erfahren, denn jetzt erleben Sie einmal hautnah, wie wir unseren Pferden etwas beibringen und dass es alles andere als einfach ist zu erraten, was der Trainer eigentlich möchte, denn ganz oft ist es nichts anderes als Raten. Vielleicht erleben Sie auch eine gewisse Frustration, wenn Sie nicht erkennen, was der Trainer eigentlich von Ihnen erwartet, und verfallen in eine Untätigkeit, statt es weiter zu versuchen. Ich bin davon überzeugt, dass Sie nach diesem Spiel viel mehr Verständnis für Ihr Pferd aufbringen werden und sich auch genauer überlegen werden, wie und was Sie bestärken, um Ihrem Pferd das gewünschte Verhalten bestmöglich zu vermitteln und es mit Eifer und Freude beim Training zu halten.

Ein Signal hinzufügen

Auch wenn es einige überraschen mag: Pferde werden ohne Kenntnisse der menschlichen Sprache geboren. Wenn man also sein Pferd zum ersten Mal longiert und das Wort *Terrab* ruft, wird das Pferd keine Ahnung haben, was man von ihm will, und wahrscheinlich nicht mal begreifen, dass man eine Reaktion auf diesen Laut erwartet. Pferde reagieren viel besser auf unsere Körpersprache, so dass es sinnvoll ist, diese bewusst und gezielt im Training einzusetzen. Wenn ich also möchte, dass mein Pferd an der Longe antrabt, so werde ich zunächst meinen Standpunkt mehr in Richtung Hinterhand des Pferdes verlagern, um durch meine Position mehr treibend zu wirken. Sollte dies nicht ausreichen, so werde ich mich groß machen und einen Schritt auf die Hinterhand zugehen oder mit einer Longierpeitsche dem Pferd den Impuls zum Antraben geben. Meine Aktion wird dabei immer abhängig vom jeweiligen Pferd sein. Möchten Sie jetzt außer diesem körpersprachlichen Signal noch ein stimmliches einführen, so ist es zunächst wichtig, dass Ihr Pferd bereits gut auf Ihre Körpersprache reagiert. Sie geben das stimmliche Signal zum Antraben, während Sie mit Ihrer Körpersprache das Pferd zum Antraben auffordern. Dadurch stellt das Pferd eine Verbindung zwischen dem stimmlichen Signal und dem Verhalten her (klassische Konditionierung), so dass später Ihre Stimme allein ausreicht, das Verhalten abzurufen. Achten Sie beim Einsatz von Stimmsignalen auch darauf, wie Sie Ihre Stimme einsetzen, möchten Sie Ihr Pferd zum Antraben auffordern, so wirkt ein lang gezogenes *Teeeraaab* weniger gut als ein aufmunterndes, knackiges *Trab.* Umgekehrt lässt ein lang gezogenes, ruhiges *Haaalt* das Pferd schneller anhalten als ein frisches, munteres *Halt.* Und ganz wichtig: Wenn Sie ein stimmliches Signal einführen, so sagen Sie es nur ein einziges Mal und nicht öfter. Haben Sie zu Beginn ein wenig Geduld, bis Ihr Pferd das erwünschte Verhalten zeigt, es wird nicht von Anfang an innerhalb weniger Sekunden reagieren. Vermeiden Sie es trotzdem, das Stimmsignal zu wiederholen.

Die Reihenfolge erst das Verhalten, dann das Signal ist von größter Wichtigkeit. Vielfach wird dies andersherum gemacht, so dass bereits hier Probleme auftauchen. Das Pferd schlendert unaufmerksam an der Longe herum und dann wird das Signal zum Antraben gegeben. Das Pferd bleibt im Schritt, worauf häufig dann das Signal wiederholt oder lauter ausgesprochen wird, doch dadurch versteht das Pferd es auch nicht besser. Es lernt vielleicht sogar, dass es nach dem fünften *Teeeerab* erst antraben soll oder wenn der Trainer es besonders laut sagt. Also, man muss sicher sein, dass das gewünschte Verhalten innerhalb weniger Sekunden gezeigt wird, nachdem man ein Signal gegeben hat. Solange das Verhalten noch nicht sicher gezeigt wird, wird kein Signal gegeben.

Variable Bestärkung

In der Lerntheorie gibt es verschiedene Bestärkungsschemata, feste oder variable, nach denen jedes Verhalten bestärkt wird. Zuerst wird meist mit einem festen Bestärkungsschema gearbeitet. Das bedeutet, es wird beispielsweise alle zwei Sekunden oder nach jedem dritten gewünschten Verhalten bestärkt. Zu Beginn einer neuen Übung ist sehr wichtig, das Pferd für jedes richtige Verhalten immer zu bestärken. Würde ich gleich zu Beginn nur jedes zweite oder vierte gewünschte Verhalten bestärken, so wäre es für mein Pferd sehr schwierig herauszufinden, welches Verhalten von ihm erwartet wird, und es würde sehr schnell die Lust an der Arbeit verlieren und aufgeben. Wenn das Pferd begreift, dass ein gezeigtes Verhalten mit etwas Positivem verbunden ist, so wird es dieses Verhalten bereitwilliger und öfter zeigen. An diesem Punkt wechselt man zumeist zu einem variablen Bestärkungsschema, das Pferd wird also zu unvorhersehbaren Zeitpunkten bestärkt. Hierbei könnte man mal nach drei Sekunden, dann nach acht Sekunden usw. bestärken oder auch nach jedem dritten Versuch, dann nach jedem achten usw., meist hält man jedoch nach besonders gutem Verhalten Ausschau bzw. dem Verhalten, das sich unserem gewünschten Endverhalten annähert, und bestärkt dieses.

Wieso funktioniert das? Warum stecken Menschen immer wieder Münzen in einarmige Banditen? Weil sie denken, wenn ich noch eine Münze einwerfe, ist das vielleicht genau diejenige, die mir den Jackpot einbringt. Das Pferd denkt ähnlich: *Bis jetzt gab es immer eine Bestärkung für das gezeigte Verhalten, vielleicht hat mein Mensch nur vergessen mich zu bestärken oder das Verhalten nicht gesehen. Wenn ich es noch mal mache, dann gibt es bestimmt eine Belohnung.* Also wird das Verhalten erneut gezeigt, vielleicht sogar mit mehr Nachdruck oder einer kleinen Veränderung, und siehe da, es kommt wieder eine positive Bestärkung.

Lassen Sie mich den Einsatz von variabler Bestärkung anhand eines Beispiels verdeutlichen. Sie stehen mit einer Freundin in der Stallgasse vor der Box Ihres Pferdes und unterhalten sich. Ihr Pferd schlägt ständig gegen die Boxenwand. Zuerst versuchen Sie noch es zu ignorieren, doch bei dem Lärm kann sich keiner vernünftig unterhalten. Also schimpfen Sie mit Ihrem Pferd und es ist sogar für einen Moment ruhig, bevor es wieder beginnt. Dies geht eine ganze Weile, bis Sie Ihrem Pferd schließlich etwas Heu in die Box schmeißen, damit es endlich Ruhe gibt und Sie sich ungestört unterhalten können. Beim nächsten Mal wird Ihr Pferd bestimmt noch länger und energischer gegen die Box treten, denn es weiß nicht, wann die Belohnung kommt, aber dass irgendwann eine kommt, steht außer Frage. Auch wenn Sie Ihrem Pferd ganz sicher nicht beibringen wollten, gegen die Boxenwand zu treten, wenn Sie vor seiner Box stehen, unbewusst haben Sie es Ihrem Pferd beigebracht und sich dabei der variablen Bestärkung bedient.

Verhaltensrepertoire

Immer wieder höre ich von Pferden, die problemlos auf den Anhänger gehen oder nach dem Aufsitzen ruhig stehen bleiben, alles Dinge, die ich von einem gut erzogenen Pferd erwarte. Treffe ich dann diese Pferde in natura, so kommt es durchaus vor, dass sie mit allen vier Beinen in den Boden gerammt vor dem Anhänger stehen oder losrennen, noch bevor der Reiter überhaupt im Sattel sitzt. Eigentlich machen diese Pferde ja immer, was man von ihnen möchte, nur heute hat der Anhänger leider die falsche Farbe, und Zuschauer beim Aufsitzen mag das Pferd einfach gar nicht.

Damit man davon sprechen kann, dass ein Verhalten wirklich beherrscht wird und zum Repertoire des Pferdes gehört, gibt es bestimmte Kriterien, die erfüllt werden müssen. Zu diesen Kriterien zählen die Generalisierung sowie die Diskriminierung.

Hat das Pferd ein Verhalten generalisiert, so zeigt es auf Abruf das gewünschte Verhalten überall, in jeder Situation, und es kann das gelernte Verhalten auf neue Situationen übertragen. Lassen Sie mich dies am Beispiel des Verladens verdeutlichen.

Wenn wir sagen, dass unser Pferd sich verladen lässt, so muss es sich in jeden Anhänger, egal ob großer Transporter oder schmaler 1er-Anhänger, in jeder Umgebung, auch wenn diese neu und unbekannt ist, immer verladen lassen. Das Pferd darf sich selbstverständlich den ungewohnten Anhänger und die ungewohnte Umgebung anschauen, doch sollte diese kein Grund sein, um alle Viere in den Boden zu rammen oder sich auf die Hinterbeine zu stellen. Geht unser Pferd nur in einen bestimmten Anhänger mit einer bestimmten Person, so wird das Verhalten noch nicht vollends beherrscht, es hat noch keine Generalisierung stattgefunden. Ich spreche also in diesem Fall noch nicht davon, dass das Pferd problemlos auf den Anhänger geht.

Da Pferde, wie auch andere Tiere, ein Verhalten häufig an einen Ort oder auch eine Person binden, ist es wichtig, mit dem Pferd ein Verhalten an verschiedenen Orten, mit unterschiedlichen Personen sowie unter Ablenkung oder auch unter Stress zu üben. Werden solche Aktionen in das Training eingebaut, so lernt das Pferd nach und nach das Verhalten zu generalisieren.

Wird ein Verhalten vom Pferd gezeigt, obwohl wir es nicht abgerufen haben oder das Pferd zeigt ein anderes Verhalten als das, was wir abgerufen haben, so kann das Pferd noch nicht diskriminieren, denn Diskriminierung bedeutet, dass ein Verhalten nur gezeigt wird, wenn es abgerufen wird. Das Pferd kann also die unterschiedlichen Signale, die wir ihm beigebracht haben, noch richtig zuordnen und diese auf Abruf zeigen. Beispiel:

Unser Pferd hat bei der Bodenarbeit gelernt, dass es auf das Stimmkommando *Steh* so lange stehen bleiben muss, bis ein anderes Signal gegeben wird. Bewegt das Pferd sich vorher oder hat es auf das Kommando *Steh* ein anderes Verhalten gezeigt, so kann unser Pferd noch nicht ausreichend zwischen den einzelnen Signalen unterscheiden (diskriminieren).

Natürlich darf man bei der Pferdeausbildung nie vergessen, dass wir es mit Lebewesen zu tun haben, und nicht mit Maschinen. Genau wie wir haben auch unsere Pferde gute und schlechte Tage, und ein wenig Eigensinn macht doch auch erst die Persönlichkeit eines Pferdes aus. Nichts finde ich schrecklicher als Pferde, die nur funktionieren und damit wirklich mehr an Maschinen erinnern als an selbst denkende Individuen.

Die Konditionierung auf den Clicker

Bevor Sie mit dem eigentlichen Training beginnen, müssen Sie Ihr Pferd auf den Clicker konditionieren. Hierfür benötigen Sie außer Ihrem Pferd und dem Clicker (wenn Sie einen benutzen möchten, denn das Prinzip der positiven Bestärkung funktioniert auch ohne Clicker) einen primären Bestärker, für den Ihr Pferd bereit ist etwas zu tun. Ich verwende in den meisten Fällen Futter. Dies können Leckerlis, Apfel- oder Möhrenstücke sein, was Ihr Pferd eben besonders gerne mag. Wichtig ist jedoch, dass die Stücke möglichst klein sind, denn Sie wollen nicht, dass Ihr Pferd sehr lange mit Kauen beschäftigt ist und dadurch seine Aufmerksamkeit verloren geht.

Wo Sie Ihr Pferd auf den Clicker konditionieren, ist Ihnen überlassen. Dies kann im Stall sein, im Auslauf oder am Putzplatz. Auch ist es Ihnen überlassen, ob Sie Ihr Pferd anbinden oder es frei laufen lassen. Ich beginne das Clickertraining meist auf dem Reitplatz mit einem nicht angebundenen Pferd, denn so bemerke ich sofort, wenn das Interesse und die Konzentration des Pferdes nachlassen. Sie beginnen, indem Sie clicken und einen Moment später, fast gleichzeitig ein Leckerli geben. Es ist sehr wichtig, dass der Bestärker maximal ein bis zwei Sekunden nach dem Click gegeben wird, so stellt das Gehirn am besten eine Verknüpfung zwischen Click und Leckerli her. Diesen Vorgang, Click und Leckerli, wiederholen Sie etwa 20-mal, bevor Sie dem Pferd eine Pause gönnen. Sie können mit Ihrem Pferd mehrere Trainingseinheiten pro Tag abhalten, um es auf den Clicker zu konditionieren, die Einheiten sollten jedoch nicht zu lang sein. Die 20 Wiederholungen pro Einheit sind nur ein Richtwert und an das jeweilige Pferd anzupassen. Achten Sie jedoch darauf, nicht zu viel auf einmal zu wollen, auch wenn Ihnen die Konditionierung vielleicht nicht wie Arbeit vorkommt, so ist es für Ihr Pferd anstrengend, denn es wird mit einer ganz anderen Form von Arbeit konfrontiert und muss die Zusammenhänge zwischen Click und Leckerlis herausfinden.

Manche Pferde werden während der Konditionierung sehr aufdringlich, wenn sie Futter als primären Bestärker verwenden. Sie kommen sehr nahe, beginnen in den Taschen zu wühlen oder fangen sogar an zu knapsen, um noch mehr Leckerlis zu bekommen. Dieses unerwünschte Verhalten sollten Sie von Anfang an ignorieren, das heißt, Sie sollten das Pferd nicht ansprechen, anfassen oder anschauen. Wenn Sie mit Ihrem Pferd auf dem Reitplatz sind und es ist nicht angebunden, so ist es aus meiner Erfahrung nicht möglich, ein Pferd erfolgreich zu ignorieren, wenn es wirklich sehr aufdringlich ist, denn irgendwann muss man reagieren, möchte man nicht ernsthaft gebissen oder angerempelt werden. Wenn ich mit so einem Pferd arbeite, so nutze ich gerne eine kleine Absperrung, um das Pferd auf Abstand zu halten. Wenn es sehr aufdringlich wird, kann ich einfach einen Schritt zurückgehen und es dann erfolgreich ignorieren. Sie können Ihr Pferd natürlich auch anbinden, damit es nicht zu aufdringlich werden kann.

Selbst wenn Ihr Pferd nicht extrem aufdringlich wird, achten Sie schon während der Konditionierung darauf, wann Sie clicken. Auch wenn Sie noch kein Verhalten bestärken, so ist es ungünstig zu clicken, wenn Ihr Pferd gerade ein unerwünschtes Verhalten zeigt, also beispielsweise scharrt oder in Ihren Taschen wühlt, um noch mehr Leckerlis zu bekommen, denn Pferde lernen nicht immer nur das, was wir ihnen beibringen möchten. Ich clicke also bereits während der Konditionierung nur, wenn das Pferd mit seiner Aufmerksamkeit bei mir ist und wenn es ruhig und gelassen ist und kein unerwünschtes Verhalten wie Scharren oder In-den-Taschen-Wühlen zeigt, was zu Beginn durchaus auftreten kann, wenn Sie mit Futter als Bestärker arbeiten.

Ich höre immer wieder den Einwand, dass Clickertraining Pferde durch die vielen Leckerlis zu Taschenkriechern und Bettlern machen würde.

Genau das Gegenteil ist der Fall. Wenn Sie konsequent nur erwünschtes Verhalten bestärken, so können Sie sogar dem Taschenkriecher mit Clickertraining erfolgreich dieses Verhalten abtrainieren. Aufdringliche Taschenkriecher und Bettler entstehen dadurch, dass die Besitzer Leckerlis geben ohne einen für das Pferd klar erkennbaren Grund. Sie haben Ihr Pferd vielleicht in einem Stall eingestellt und kommen ein- bis zweimal die Woche. Wenn Sie Ihr Pferd aus der Box oder dem Auslauf holen wollen, dreht es Ihnen das Hinterteil zu, trotzdem geben Sie ein Leckerli, wenn Sie es aufgehalftert haben. Am Putzplatz gibt es dann auch noch gleich mehrere, während Sie mit Putzen und Satteln beschäftigt sind, vielleicht sogar, obwohl das Pferd nicht einmal stillsteht. Alle diese Leckerlis gibt es aus meiner Sicht nur aus dem Grund, dass Sie möchten, dass Ihr Pferd sich freut, wenn Sie kommen und gerne Zeit mit Ihnen verbringt. Diese Gabe von Leckerlis lehne ich kategorisch ab, weil sie Pferde zu aufdringlichen und respektlosen Tieren erzieht. Durch das Clickertraining können Sie weiter an der Gabe von Leckerlis festhalten, nur erzielen Sie damit einen ganz anderen Effekt, und Ihr Pferd wird Sie sogar mehr respektieren, da Sie zu einem verlässlichen, vorhersehbaren Partner werden, bei dem das Pferd genau weiß, woran es ist.

Wenn Ihr Pferd auf den Clicker konditioniert ist, was je nach Pferd zwei bis drei Trainingseinheiten, aber auch deutlich mehr Zeit in Anspruch nehmen kann, können Sie mit dem eigentlichen Training beginnen. Besonders zu Beginn kann es sinnvoll sein, sich vor dem Training einen Plan zu erstellen mit dem Verhalten, das Sie Ihrem Pferd beibringen wollen und Ihrer Vorgehensweise, wie Sie dies erreichen wollen, sowie einer Alternative, wenn Ihr erster Plan nicht funktioniert. Wenn Sie bereits länger reiten, erinnern Sie sich einmal an die Zeit zurück, als Sie das erste Mal ohne Anleitung des Reitlehrers geritten sind. Wahrscheinlich haben Sie während des Reitens mehrfach überlegt, welche Übung Sie als nächstes reiten, was sinnvollerweise zu tun wäre. Wenn Sie sich hierüber bereits im Vorfeld Gedanken machen, wird Ihr Training entspannter und erfolgreicher verlaufen. Besonders bei schwierigen und komplexen

Übungen will der Weg dorthin gut überlegt sein, was besonders für den Clickerneuling häufig nicht ganz leicht ist. Machen Sie sich vorher Gedanken, wie das gewünschte Verhalten auszusehen hat, und definieren Sie dieses klar. Es reicht nicht aus, zu sagen, dass Sie möchten dass Ihr Pferd rückwärtsgehen soll, legen Sie im Vorfeld genau fest, wie dieses Rückwärtsgehen aussehen soll. Darf Ihr Pferd irgendwie zurückgehen, den Kopf hochreißen, schräg zurückgehen oder zurückrennen? Legen Sie alles genau fest, denn je genauer Sie wissen, worauf Sie hinarbeiten, desto klarer werden Ihre Anweisungen sein und desto schneller und besser werden Sie Ihr Ziel erreichen. Fragen Sie sich auch, was für ein Signal Sie geben wollen - ein visuelles, ein akustisches, eine Kombination aus beidem? In welcher Position werden Sie sich befinden? Soll Ihr Pferd die Übung nur ausführen, wenn Sie direkt vor ihm stehen, neben ihm, hinter ihm? Wie schnell soll die Übung ausgeführt werden und wie viele Schritte soll Ihr Pferd rückwärtsgehen? Wahrscheinlich haben Sie sich über diese Dinge noch nie viele Gedanken gemacht, aber Ihr Pferd macht es vielleicht. Den einen Tag stehen Sie direkt vor dem Pferd und benutzen Ihre Stimme und Ihre Arme, um das Pferd zum Rückwärtsgehen aufzufordern, am nächsten Tag stehen Sie etwas seitlicher und benutzen nicht nur die Arme sondern den ganzen Körper. Sie wissen, was Sie von Ihrem Pferd möchten, doch unsere Pferde müssen oft erst herausfinden, was wir meinen, und noch schwieriger wird es, wenn wir nicht präzise sind. Wenn Sie sich in Zukunft über diese Dinge im Vorfeld Gedanken machen und sich einen Plan mit Ausweichplan erstellen, so werden Sie deutlich schneller Ihre Ziele erreichen.

Targeting

Die erste Übung, mit der ich nach der Konditionierung gerne beginne, ist das so genannte Targeting (= Zielen). Hierbei sollen die Pferde einen Gegenstand mit der Nase berühren. Ich benutze hierzu meist einen Targetstick (= Zielstock), einen Softball, der an einem Stab befestigt ist, Sie können aber auch einen anderen Gegenstand benutzen. Ich halte den Targetstick dem Pferd vor die Nase und warte darauf, dass das Pferd sich dem Stick zuwendet, vielleicht den Hals etwas länger macht oder den Stick sogar berührt. Wofür ich clicke, mache ich abhängig vom jeweiligen Pferd. Habe ich ein sehr zurückhaltendes, skeptisches Pferd, so werde ich schon den Blick oder eine leichte Annährung zum Stick bestärken, während ich bei einem sehr neugierigen und selbstbewussten Pferd darauf warten werde, bis es den Stick berührt. Sie clicken also beim Berühren des Sticks oder bei der Annäherung. Davon sind die meisten Pferde mehr als begeistert, vergessen den Stick und wollen nur noch ans Futter. Einige Pferde können wieder ziemlich aufdringlich werden, Sie ignorieren dies aber völlig. Nehmen Sie den Stick immer wieder weg, nachdem Ihr Pferd ihn berührt hat. Ich halte ihn immer hinter meinen Rücken und halte ihn dann wieder erneut vor die Nase des Pferdes. Manche Pferde werden einige Mal den Stick berühren und dann aufgeben. Sie verlieren entweder einfach die Lust oder Sie haben den Schwierigkeitsgrad für Ihr Pferd vielleicht zu schnell erhöht. Gehen Sie wieder einen Schritt zurück und bestärken Sie Ihr Pferd schon für kleine Schritte wie das Zuwenden und die Annäherung. Hören Sie dann mit einem positiven Ergebnis auf. Sie sollten darauf achten, dass die Trainingseinheiten nicht zu lang sind. Für die meisten Pferde ist dies eine neue Art des Trainings und sie werden mental stark gefordert. Es reicht aus, wenn sie 10 bis 15 Minuten mit

Beim Targeting berührt das Pferd mit seiner Nase einen Gegenstand.
In diesem Fall den so genannten Targetstick.

Ihrem Pferd trainieren und dann eine Pause einlegen, Sie können aber gerne zwei bis drei Einheiten pro Tag abhalten.

Wenn Sie nach einigen Wiederholungen ein Pferd haben, das mit Absicht den Targetstick berührt, werden Sie wollen, dass Ihr Pferd nur noch den Softball berührt und nicht mehr den Stab. Dies erreichen Sie, indem Sie von einem festen Bestärkungsschema, bei dem Sie das Pferd für jedes Berühren bestärken, zu einem variablen Bestärkungsschema wechseln, bei dem Sie nur noch für die von Ihnen erwünschten Leistungen bestärken. Wenn Sie möchten, dass Ihr Pferd nur noch den Softball berührt, so clicken Sie nur noch dafür und ignorieren es, wenn Ihr Pferd den Stab berührt. Geben Sie das erste Mal kein Leckerli, wenn Ihr Pferd nur den Stab berührt, wird es denken, dass Sie es vergessen haben oder nicht gesehen haben. Ihr Pferd wird daraufhin die Übung mit mehr Nachdruck ausführen oder vielleicht in einer kleinen Abwandelung und versuchen herauszufinden, was es tun muss, um wieder einen Click und das damit verbundene Leckerli zu erhalten. Durch die variable Bestärkung können Sie das erwünschte Verhalten gezielt bestärken und das Interesse bei Ihrem Pferd erhalten.

Wenn Ihr Pferd jetzt nur noch den Softball am Targetstick berührt, so können Sie nun dazu übergehen, ein wenig Bewegung in die ganze Sache zu bringen, das heißt, Sie halten den Targetstick mal tiefer, mal höher, dann etwas weiter rechts oder links. Dies ist übrigens auch eine gute Möglichkeit, um Ihr Pferd geschmeidig zu halten. Und Sie können Ihrem Pferd mit Hilfe des Targetsticks sogar Kunststücke beibringen wie beispielsweise eine Verbeugung, wenn Sie den Stick zwischen die Vorderbeine Ihres Pferdes halten. Wichtig ist auch hierbei wieder, dass Sie langsam Schritt für Schritt vorwärts gehen und die Anforderungen nicht zu sprunghaft erhöhen, sonst wird Ihr Pferd aufgeben.

Ein weiterer Schritt ist, dass Sie den Targetstick von Ihrem Pferd wegbewegen und es so ermutigen, dem Stick zu folgen. Die Erfahrung zeigt, dass hierbei der erste Schritt zumeist der schwerste ist. Halten Sie den

Folgt das Pferd sicher dem Targetstick,
so lässt sich ein Slalom auch problemlos ohne Halfter meistern.

Targetstick in so großer Entfernung vor das Pferd, dass es einen Schritt nach vorne machen muss, um den Targetstick zu berühren. Dann clicken Sie wie gewohnt und geben ein Leckerli. Wiederholen Sie die Übung zunächst einige Male bei gleichem Abstand, so dass Ihr Pferd immer nur einen Schritt machen muss, um den Targetstick zu berühren bevor Sie die Anforderungen erhöhen. Gehen Sie langsam einige Schritte und halten Sie den Targetstick kurz vor die Nase des Pferdes. Lassen Sie es einige Schritte machen, bevor Sie anhalten und Ihr Pferd den Targetstick berühren lassen. Nach und nach können Sie die Strecke immer weiter ausdehnen. Wenn Ihr Pferd dem Targetstick gut auf gerader Strecke folgt, so können Sie es auch durch einen Slalom oder über Bodenhindernisse mit Hilfe des Targetsticks führen.

Für Ihr Pferd ist das Zeigen des Targetsticks jetzt das Signal, diesen zu berühren oder ihm zu folgen und dann zu berühren und dafür positiv bestärkt zu werden. Wenn Sie anstelle des Zeigens des Targetsticks ein verbales Signal einführen möchten, so wäre dies nun der Zeitpunkt. Dafür sagen Sie das Signal, auf das Ihr Pferd später den Targetstick berühren soll, direkt bevor Ihr Pferd voraussichtlich den Stick berühren wird. Wenn Sie dies einige Male wiederholen, wird Ihr Pferd das verbale Signal mit dem Verhalten in Verbindung bringen (klassische Konditionierung).

Ein weiterer Schritt ist, dass Sie Ihr Pferd nur noch bestärken, wenn Sie zuvor das Signal gegeben haben. Berührt Ihr Pferd den Stick, ohne dass Sie es vorher dazu aufgefordert haben, so wird es nicht positiv bestärkt, bekommt also kein Leckerli, sondern Sie ignorieren das Berühren.

Trainingspläne

Das Targeting war bereits ein Formprozess, den Sie mit Ihrem Pferd durchlaufen haben. Zu Beginn wäre es unwahrscheinlich gewesen, dass Ihr Pferd auf Ihr Signal hin einen Stab mit Softball berührt und diesem folgt, doch die gut durchdachten und aufeinander aufbauenden Schritte ermöglichten dies in relativ kurzer Zeit. Sie sehen, wie wichtig ein gut durchdachter Trainingsplan ist, dass man im Voraus weiß, wie der nächste Schritt aussehen soll und eine Alternative parat hat, falls der Trainingsplan an das jeweilige Pferd angepasst oder geändert werden muss. Je mehr Erfahrung Sie in der Arbeit mit Pferden haben, desto leichter wird Ihnen dies fallen - eine Fähigkeit, die einen guten Trainer ausmacht.

Zu Beginn ist es durchaus sinnvoll, sich vor dem praktischen Training hinzusetzen und einen Trainingsplan zu erstellen. Dieser enthält wichtige Informationen wie das gewünschte Lernziel und eine Liste von Signalen und Bestärkern. Das gewünschte Lernziel sollte möglichst klar definiert werden. Wenn Sie Ihrem Pferd beibringen möchten, dass es beim Aufsitzen ruhig stehen bleibt, so legen Sie genau fest, wie dieses Verhalten auszusehen hat. Reicht es Ihnen aus, dass es beim Aufsitzen nicht losrennt, aber sich hin- und herdreht und losläuft kaum dass Sie im Sattel sitzen? Oder erwarten Sie, dass es möglichst ruhig und entspannt auf allen vier Beinen steht, ohne sich zu bewegen, bis Sie im Sattel sitzen und das Signal zum Losgehen geben? Je klarer Sie Ihr Lernziel definieren und sich bewusst machen, was Sie erwarten, desto erfolgreicher werden Sie in der Umsetzung dieses Lernzieles sein. Erstellen Sie sich eine Liste aller Signale und Bestärker, die Sie beabsichtigen zu verwenden, und die notwendig sind, um das Lernziel zu erreichen. Welches Signal geben Sie Ihrem Pferd und welche Reaktion erwarten Sie darauf? Wie werden Sie reagieren, wenn es das erwünschte Verhalten zeigt, und wie wenn nicht? Wenn Ihre ersten Bemühungen nicht zum erwünschten Lernziel führen, so ist es wichtig, sich bereits im Vorfeld Gedanken über eine Alternative gemacht zu haben oder vielleicht sogar über eine Alternative zur Alternative.

Trainingsplan Aufsitzen

Ein Trainingsplan für ein gerittenes Pferd, das sich beim Aufsitzen immer um den Reiter herumdreht und losrennt, kaum dass man im Sattel sitzt, könnte folgendermaßen aussehen: Mein Lernziel ist, dass das Pferd ruhig und entspannt auf allen vier Beinen steht und nach dem Aufsitzen so lange ruhig stehen bleibt, bis ich das Signal zum Anreiten gebe.

Als konditionierten Bestärker benutze ich das Wort *fein* anstelle des Clickers sowie Leckerlis als primäre Bestärker.

Ein besonderes Signal für das Stillstehen gibt es nicht, da mein Pferd noch kein Signal für dieses Verhalten gelernt hat. Mein Signal für das Loslaufen, wenn ich im Sattel bin, ist das beidseitige Treiben mit dem Schenkel.

Die Reaktion auf unerwünschtes Verhalten wird sein, dass ich das Pferd dahingehend korrigiere, dass ich es wieder in die Ausgangsposition zurückbringe. Das heißt, wenn es zwei Schritte nach vorne macht, während ich neben dem Pferd stehe und aufsitzen möchte, so lasse ich das Pferd die zwei Schritte wieder zurücktreten, bevor ich aufsitze.

Darüber hinaus werde ich den Platz zum Aufsitzen so wählen, dass bestimmte Verhalten für das Pferd unmöglich werden. Das bedeutet, wenn es normalerweise die Hinterhand von mir wegbewegt und wir uns schließlich im Kreis bewegen, so kann es hilfreich sein, wenn ich das Pferd parallel zu einer Wand oder einem Zaun stelle, um dort aufzusitzen. Außerdem werde ich darauf achten, dass beide Zügel gut aufgenommen sind, besonders der rechte, um dem Pferd die Möglichkeit zu nehmen, sich zu drehen oder loszulaufen. Wenn es ruhig stehen bleibt, bestärke ich es mit *fein* und Leckerli. Sollte mein Trainingsansatz nicht zum gewünschten

Erfolg führen, so wäre meine Alternative, dass ich das Pferd wieder zum Aufsitzen an einen geeigneten Platz stelle, dann ein Leckerli gebe und die Zeit nutze, in der es mit Kauen beschäftigt ist, um aufzusitzen. Sollte auch diese Alternative nicht dazu führen, dass mein Pferd ruhig auf allen vier Beinen stehen bleibt, bis ich aufgesessen bin, dann wäre meine nächste Alternative, dass ich mir einen Helfer hole, der sich vor das Pferd stellt und dieses festhält.

Trainingsplan Freilaufen

Meine Ausgangssituation ist ein junges Pferd, das bereits das Führen erlernt hat und nun im Rahmen der weiteren Ausbildung das Freilaufen in einem eingezäunten Zirkel erlernen soll.

Mein Ziel ist es, dass sich das Pferd antreiben und anhalten lässt und im Schritt ruhig und gleichmäßig auf beiden Händen läuft.

Als konditionierten Bestärker benutze ich einen Clicker sowie Futter als primären Bestärker.

Vom Führen kennt das Pferd bereits Stimmkommandos fürs Antreten im Schritt und Durchparieren zum Halt. Diese Stimmkommandos werde ich auch beim Freilaufen nutzen. Darüber hinaus werde ich meinen Körper und meine Körperhaltung dazu nutzen, das Pferd schneller oder langsamer zu machen. Als Hilfsmittel nutze ich eventuell eine Longierpeitsche sowie einen langen Führstrick.

Ich beginne damit, dass ich das Pferd in den Zirkel hineinführe und auf beiden Händen auf dem Hufschlag im Schritt herumführe. Diese Übung kennt das Pferd bereits von den Führübungen, nur die Umgebung ist neu. Dann lasse ich das Pferd anhalten, mache den Führstrick ab und entferne mich etwa einen Meter vom Pferd. Ich stehe etwas mehr in Richtung der Hinterhand des Pferdes, da diese Position treibend auf das Pferd wirkt, gebe mein Stimmkommando zum Antreten im Schritt und bewege mich etwas auf das Pferd zu. Wenn es antritt, clicke ich und gebe etwas Futter. Sollte das Pferd stehen bleiben, so wäre meine Alternative, dass ich mit meiner Körpersprache etwas energischer werde, mich mehr aufrichte und meinen rechten Arm anhebe. Sollte auch dies noch nicht ausreichen, so wäre meine nächste Alternative die Longierpeitsche unterstützend einzusetzen.

Wenn mein Pferd im Schritt antritt und danach entspannt auf dem Hufschlag läuft, so clicke ich zunächst alle paar Meter und dehne dann die Zeitabstände bis zum nächsten Click immer mehr aus. Sollte mein Pferd in die Mitte kommen, so würde ich nicht clicken. Als Alternative würde ich den langen Führstrick wieder am Halfter befestigen und die Übung wiederholen. Würde mein Pferd dann erneut in die Mitte kommen wollen, so würde ich den Führstrick hin- und herbewegen, was das Pferd bereits von der Bodenarbeit kennt. Die Bewegung hört sofort auf und ich clicke und gebe Futter, wenn das Pferd sich aus der Mitte entfernt und Richtung Hufschlag orientiert.

Zum Anhalten gebe ich das bereits erlernte Stimmkommando zum Halt, stelle mich etwas vor das Pferd und hebe meinen linken Arm. Sollte dies nicht ausreichen, so würde ich hier wieder unterstützend die Longierpeitsche einsetzen und sie dieses Mal vor das Pferd halten und ihm so den Weg abschneiden. Sobald das Pferd steht, clicke ich und gebe etwas Futter.

Mit der Zeit soll es mein Ziel sein, dass der Abstand zwischen mir und dem Pferd immer größer wird, bis ich schließlich im Mittelpunkt des Zirkels stehen bleiben kann und meine Hilfen sich auf Stimmkommandos beschränken lassen. Für dieses Ziel würde ich mir dann einen neuen Trainingsplan erstellen.

Die Wahrscheinlichkeit, mit diesen Trainingsplänen den Pferden erfolgreich das erwünschte Verhalten beizubringen, ist relativ hoch. Dies liegt nicht an meinen gewählten Methoden, sondern einfach an der Tatsache, dass ich mir im Vorfeld genau überlegt habe, wie mein Lernziel aussehen soll und wie ich dieses erreichen kann. Ihr Trainingsplan kann also völlig anders aussehen und trotzdem erfolgreich sein. Wichtig ist allein die Tatsache, dass Sie sich überlegen, wie das Lernziel aussehen soll und wie Sie dieses erreichen.

Trainingsdauer

Neben dem Trainingsplan spielt auch die Trainingsdauer eine große Rolle für den Lernerfolg. Hierbei ist mehr nicht immer besser. Auch wenn Ihnen einige Übungen vielleicht nicht wie Arbeit im herkömmlichen Sinne vorkommen, so muss sich das Pferd hierfür enorm konzentrieren. Je nach Ausbildungsstand und Alter können sich junge Pferde maximal 10 Minuten am Stück konzentrieren und ältere Pferde etwa 20 Minuten. Gerade für neue Übungen sollten Sie die Konzentrationsdauer Ihres Pferdes im Hinterkopf haben, um es nicht zu überfordern. Gönnen Sie Ihrem Pferd also ab und an eine kleine Pause oder lockern Sie das Training mit bekannten und gut beherrschten Übungen auf, damit es mit Spaß und Konzentration bei der Sache ist.

Je nach Art der Übung kann es sinnvoll sein, mehrmals täglich zu üben oder auch nur alle paar Tage. Lässt Ihr Pferd sich schlecht einfangen, so macht es Sinn, dies mehrmals täglich in kurzen Einheiten zu üben. Wenn Sie dies nur ein- bis zweimal pro Woche tun, so wird der Lernerfolg sehr lange auf sich warten lassen, wenn er sich überhaupt einstellt. Haben Sie dagegen ein sehr gut ausgebildetes Pferd, mit dem Sie sehr anspruchsvolle Lektionen trainieren, so ist es sinnvoll, diese nicht zu häufig, sondern nur alle paar Tage zu üben. Der Lernfortschritt ist dann zumeist höher als bei täglichem Training.

Gerade bei jungen Pferden oder neuen Lerninhalten ist außerdem auf eine ruhige und entspannte Lernatmosphäre zu achten. Wie soll ein junges Pferd das ruhige Stillstehen erlernen, wenn spielende Kinder um es herumrennen, oder wie soll unser Reitpferd sein erstes Schenkelweichen unter dem Reiter erfolgreich meistern, während andere Reiter mit ihren Pferden durch die Bahn galoppieren. Im Laufe der Ausbildung werden die Pferde lernen, dies auch unter Ablenkung zu tun, doch zu Beginn sollten Sie Ihrem Pferd ein Umfeld schaffen, in dem es sich voll und ganz auf die gestellte Aufgabe konzentrieren kann. Denken Sie doch einmal an Ihre erste Fahrstunde zurück. Ich war extrem gestresst, als der Fahrlehrer das Radio einschaltete und versuchte mich in ein Gespräch zu verwickeln. Wie sollte ich mich bei dieser Ablenkung auf das Wesentliche, das Fahren, konzentrieren können? Ähnlich geht es Ihren Pferden.

Ein Leben lang abhängig von Clicker und Leckerlis?

Auf diesen Einwand gegen das Clickertraining stoße ich immer wieder. Zu Beginn des Trainings werden Sie jedoch kein Pferd finden, das nur zuliebe des Besitzer gut mitarbeitet, auch wenn dies viele Besitzer gerne möchten. Mit der Zeit sollte es natürlich das erklärte Ziel sein, dass das Pferd Spaß an der Arbeit mit dem Menschen entwickelt und auch aus dieser Motivation heraus mitarbeitet.

Wenn ein Verhalten erst mal gefestigt ist, werde ich die Leckerlis und den Clicker nicht mehr benötigen. Der Clicker ist ein reines Lerninstrument, das mit der Zeit immer weniger eingesetzt wird, bis es schließlich ausreicht, das Pferd durch lobende Worte oder ein Klopfen am Hals zu bestärken. Nicht überzeugt? Den Grundschüler bestärke ich, wenn er das Wort *Pferd* fehlerfrei schreiben kann. Bei einem Erwachsenen käme es mir nie in den Sinn, er erwartet dies auch nicht, es würde ihm eher lächerlich erscheinen. Ähnlich verhält es sich bei den Pferden. Hat mein junges Pferd gelernt die Hufe zu geben oder am Halfter zu gehen, so werde ich in Zukunft hierfür nicht mehr clicken und ein Leckerli geben, wohl aber für eine neue Aufgabe, wie ich auch einen Erwachsenen bestärken würde, das sich noch einmal die Mühe macht, eine Fremdsprache zu lernen.

Bestrafung im Training

Obwohl es in diesem Buch um Lernen durch positive Bestärkung geht, so möchte ich auch kurz über Bestrafung im Training sprechen, da Lernen ganz ohne Bestrafung nicht möglich ist. Wenn jemand dies behauptet, dann definiert er Bestrafung nur anders. Wie Sie bereits wissen, wird in der Lerntheorie zwischen positiver und negativer Bestrafung unterschieden. Bei der positiven Bestrafung wird etwas Unangenehmes hinzugefügt, wie ein kräftiger Ruck am Halfter, während bei der negativen Bestrafung etwas Angenehmes, wie beispielsweise Futter, entzogen wird. Beim Clickertraining wird neben der positiven Bestärkung ausschließlich mit negativer Bestrafung gearbeitet. Dies bedeutet, dass Fehler oder ein Nichterfüllen der gestellten Aufgabe ignoriert werden und das Pferd keinen Click und das damit verbundene Leckerli erhält. Im traditionellen Training kommt dagegen oftmals die positive Bestrafung zum Einsatz. Diese ist für das Pferd häufig mit Stress oder sogar Schmerzen verbunden und hat nicht den gewünschten Lerneffekt. Lassen Sie mich das an einem Beispiel verdeutlichen:

Wir haben es mit einem erwachsenen, gut ausgebildeten Pferd zu tun, das beim Führen hin und wieder kräftig zieht und versucht seiner eigenen Wege zu gehen. Schon seit Beginn der Ausbildung bekommt es immer wieder einen kräftigen Ruck mit dem Halfter oder der Führkette, zeitweise auch einen leichten Schlag mit der Gerte auf die Nase. Man kann hier wohl nicht von Lernen sprechen, wenn das Pferd nach mehreren Monaten oder Jahren immer noch am Halfter zieht, oder? Eine Erklärung dafür, dass wir trotzdem so häufig positive Bestrafung einsetzen ist, dass auch wir Menschen den Gesetzen des Lernens unterliegen. Unser Verhalten, am Halfter zu rucken, ist bestärkt worden. Immer wenn wir dies gemacht haben, ging unser Pferd einen Moment ordentlich am Halfter neben uns, also eine positive Bestärkung für uns. Und was passiert mit dem Verhalten, das bestärkt wird? Klar, es tritt in Zukunft häufiger, intensiver und dauerhafter auf.

Wenn wir jetzt mal schauen, wie es mit dem langfristigen Erfolg unserer Erziehung aussieht, so werden wir bemerken, dass sich unser Pferd vielleicht nicht mehr traut, am Halfter zu ziehen, es lernt aber leider auch nicht, was wir stattdessen von ihm wollen, denn diese Information fehlt bei der Bestrafung. Im ungünstigsten Fall kann es noch passieren, dass unser Pferd die Bestrafung mit unserer Person oder Menschen im Allgemeinen in Verbindung bringt und so das Verhältnis zwischen Mensch und Pferd einen Knacks bekommt. Positive Bestärkung hingegen hat nicht diese unerwünschten Nebeneffekte, und dem Pferd wird deutlich mitgeteilt, was wir von ihm erwarten.

Sicherlich gibt es in der Ausbildung immer mal wieder Situationen, in denen positive Bestrafung notwendig sein wird, auch ich wende sie hin und wieder an. Es kommt aber auch auf die Intensität und Dauer einer solchen positiven Bestrafung an, denn ein Ruck am Halfter lässt sich sicher nicht mit dem Verprügeln eines Vierbeiners vergleichen. Wenn Sie in Zukunft den Einsatz von positiver Bestrafung bei sich und anderen kritisch hinterfragen, so sind Sie auf einem guten Weg ein verantwortungsvoller und guter Trainer für Ihr Pferd und andere Pferde zu werden.

Pferde mit guten Manieren

Ich mag nichts so sehr wie gut erzogene Pferde. Immer wieder treffe ich auf Pferde, die unter dem Reiter vielleicht sogar gut ausgebildet sind, jedoch ist es eine mehr als nervende Angelegenheit, sie aufzuhalftern und von A nach B zu führen, zu putzen oder zu satteln, da sie nicht stillstehen oder einfach machen, was sie gerne möchten. Häufig wird so ein Verhalten in Kauf genommen und es wird damit gerechtfertigt, dass das Pferd sehr temperamentvoll sei oder nur zur Zucht eingesetzt würde, oder ein Freizeitpartner sei, zu dem man nicht so streng sein möchte. Da wird man lieber durch die Gegend gezogen, hofft, dass jemand da ist, der das Pferd beim Aufsteigen festhalten kann, und ärgert sich tagein, tagaus. Denn keiner kann mir erzählen, dass es Spaß macht, von seinem Pferd umgerannt zu werden, sich, während es losrennt, in den Sattel zu schwingen und zu hoffen, dass man sitzt, bevor die nächste Straße kommt. Nicht nur, dass ich unnötig viel Energie für diese Dinge aufwenden müsste, sie würden mich mit der Zeit auch wütend machen und ich würde sicherlich unfair gegenüber meinem Pferd werden. Dieses könnte meine scheinbar unerklärliche Reaktion überhaupt nicht verstehen und mich folglich nicht mehr als vertrauensvolle Führungsperson sehen. Ich investiere meine Energie lieber in etwas Sinnvolles und nehme mir zu Beginn der Arbeit mit einem Pferd die Zeit, ihm, wie ich es nenne, gute Manieren beizubringen, wenn es sie noch nicht beherrscht. Dabei ist es ganz egal, wie alt das Pferd ist, ob ein Jungpferd, Reitpferd oder schon Rentner, gute Manieren sind keine Frage des Alters und machen das Miteinander um ein Vielfaches einfacher und harmonischer.

Im Folgenden finden Sie einige ausgewählte Übungen, die das tägliche Miteinander und das Training leichter und harmonischer gestalten, sowie einige Ansätze zur Lösung von schon bestehenden Problemen.

Einfangen und Aufhalftern

Für ein Pferd, das regelmäßigen Umgang mit dem Menschen hat, sollte das Einfangen und Aufhalftern eine Selbstverständlichkeit sein. Im besten Fall kommt das Pferd auf den Menschen zu, wenn es ihn sieht, zumindest sollte es sich jedoch nicht entfernen, denn nichts ist in meinen Augen nervender und frustrierender als ein Pferd, hinter dem man herlaufen muss. Aus Sicht des Pferdes ist es verständlich, dass es sich vom Menschen entfernt, wenn dieser sich ihm nähert. Dieses Verhalten hat jahrhundertelang das Überleben gesichert. Für uns als Jäger stellte das Pferd lange Zeit eine Beute dar, und auch wenn es uns meist nicht mehr bewusst ist, so signalisieren unsere Körperhaltung und unser Verhalten dies dem Fluchttier Pferd noch immer. Egal, ob es sich bei Ihrem Pferd um ein junges Tier handelt, das bis jetzt noch wenig Kontakt zum Menschen hatte, oder ein älteres, das sich nicht einfangen lassen möchte, so ist die Herangehensweise die gleiche. Wenn Ihr Pferd normalerweise auf einer großen Weide oder einem großen Auslauf steht, so ist es sinnvoll, es für die nächste Zeit in einen kleineren Auslauf oder auf eine kleinere Weide zu sperren, bis Sie gut an das Pferd herankommen. Sperren Sie Ihr Pferd nur mit ein oder zwei anderen Pferden zusammen, die es kennt und die sich gut einfangen lassen, oder sogar ganz allein und nur mit Blickkontakt zu anderen Pferden. Dies ist nur für wenige Tage gedacht, damit Sie schneller zu einem Erfolg kommen, denn die Einzelhaltung auf engem Raum ist für das Herdentier Pferd als nicht artgerecht abzulehnen. Sollte Ihr Pferd in der Box stehen und sich auch hier nur ungern von Ihnen aufhalftern lassen und Ihnen, sobald Sie die Box betreten, das Hinterteil zuwendet, so können Sie diese Übung ebenso anwenden, um dies zu ändern. Wenn Sie Ihr Pferd noch nicht auf den Clicker konditioniert haben, weil Sie nicht an Ihr Pferd herangekommen sind, so können Sie ebenfalls so vorgehen, wie in der Übung beschrieben. Sie verzichten dann aber auf das Clicken, da dies keine Bedeutung für das Pferd hat. Sie geben Ihrem Pferd aber trotzdem Leckerlis für das gezeigte Verhalten, da Futter eine sehr gute Möglichkeit ist, um an ein Pferd heranzukommen. Mit einem Pferd, das noch nicht auf den Clicker konditioniert ist und bis jetzt noch kaum Kontakt zum Menschen hatte, wird diese Übung verständlicherweise länger dauern, doch mit dem Zeitaufwand, den Sie investieren, legen Sie einen guten Grundstein für die weitere Ausbildung.

Betreten Sie den Auslauf oder die Box, ohne das Pferd weiter zu beachten oder sich ihm zu nähern. Wenden Sie sich etwas vom Pferd ab, beobachten Sie es aus den Augenwinkeln und vermeiden Sie auf jeden Fall den direkten Blickkontakt. Wenn sich Ihr Pferd zunächst abwendet oder sich sogar einige Meter entfernt, so ignorieren Sie das. Verhalten Sie sich ruhig, nähern Sie sich dem Pferd nicht, sprechen Sie es nicht an und schauen Sie es auch nicht direkt an. Nach einiger Zeit werden sich viele Pferde in Ihre Richtung wenden. Dies ist genau der Augenblick, auf den Sie gewartet haben, Sie clicken und werfen dem Pferd ein Leckerli hin, da es zu diesem Zeitpunkt sicherlich noch nicht möglich sein wird, auf das Pferd zuzugehen und das Leckerli aus der Hand zu füttern. Wenn Ihr Pferd noch nicht auf den Clicker konditioniert ist, so loben Sie Ihr Pferd verbal und werfen das Leckerli hin. Sie bleiben in Ihrer abwartenden Position und warten darauf, dass das Pferd Interesse an Ihnen zeigt, sich in Ihre Richtung wendet und schließlich sogar auf Sie zukommt. Für jeden dieser kleinen Schritte clicken bzw. loben Sie und geben ein Leckerli. Es ist nicht wichtig, dass Ihr Pferd in der ersten Trainingseinheit bereits auf Sie zukommt und Sie das Pferd anfassen können. Geben Sie dem Pferd zu Beginn ruhig etwas mehr Zeit. Die Trainingseinheiten sollten auch nicht zu lang sein, es reicht wenn Sie fünf bis zehn Minuten üben, dafür lieber mehrmals täglich.

Kommt Ihr Pferd schließlich auf Sie zu und ist bereits an den Menschen gewöhnt, so würde nun als nächster Schritt das Aufhalftern kommen.

Ist Ihr Pferd noch jung und noch nicht an den Umgang mit Menschen gewöhnt, so müssen Sie an dieser Stelle noch weitere Trainingseinheiten einplanen, um das Pferd an die Berührung und den Kontakt mit Menschen zu gewöhnen.

Nicht alle Pferde werden von sich aus nach einiger Zeit den Kontakt zum Menschen suchen oder sich zumindest interessiert in seine Richtung wenden. Besonders Pferde, die bis jetzt noch keinen oder kaum Kontakt zum Menschen hatten, reagieren oft sehr abweisend. Bei diesen Pferden ist es ratsam, eine andere Taktik zu versuchen. Zeigt das Pferd nach einiger Zeit keinerlei Interesse an Ihnen, so sollten Sie sich ganz langsam mit gesenktem Blick im Auslauf bewegen, ohne jedoch direkt auf das Pferd zuzugehen, und es loben, wenn es stehen bleibt. Auf diese Art nähern Sie sich dem Pferd langsam. Zusätzlich füttern Sie mehrmals täglich kleine Portionen und halten sich dabei in der Nähe des Futters auf. Nicht so dicht, dass sich das Pferd nicht herantraut, aber schon, dass es überlegt, ob es sich dem Futter nähert. Mit der Zeit können Sie die Distanz immer mehr verringern, bis Sie schließlich an das Pferd dicht herankommen und es auch von Hand füttern können. Ist es Ihnen nun möglich, sich dem Pferd zu nähern, so wäre dies der Zeitpunkt, mit der Konditionierung zu beginnen, wenn das Pferd bis jetzt noch nicht auf den Clicker konditioniert war. Danach wird das Pferd an Berührungen durch den Menschen gewöhnt. Hierbei gehen Sie folgendermaßen vor, Sie nähern sich dem Pferd langsam mit der Hand und clicken und geben ein Leckerli für jede Annäherung. Achten Sie darauf, dass Sie auch dabei das Pferd nicht direkt anschauen und nicht zu forsch auftreten. Dies kann dazu führen, dass sich das Pferd bedroht fühlt und wieder zurückzieht. Wenden Sie besser den Blick ab, nähern Sie sich vorsichtig und beginnen Sie am besten an der Schulter. Dies ist eine Stelle, die von vielen Pferden recht gut akzeptiert wird. Erst nach und nach tasten Sie sich langsam an schwierigere Körperteile wie Kopf, Beine oder Bauch heran. Sollte das Pferd zurückweichen, wenn Sie es bereits berühren, so versuchen Sie dem Pferd zu folgen, so dass Ihre Hand weiterhin das Pferd berührt. Es merkt so, dass ihm nichts passiert, aber das Zurückweichen

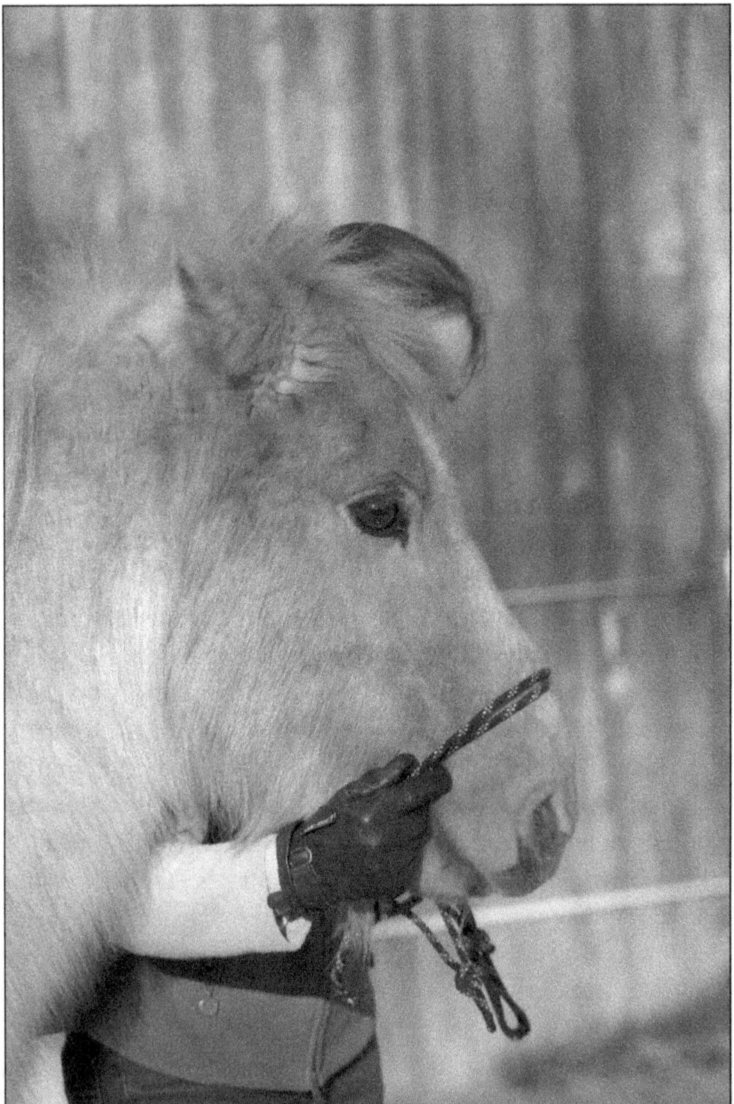

Erste Schritte auf dem Weg zum problemlosen Aufhalftern:
Berührungen mit einem weichen Seil.

auch nicht dazu führt, dass Sie das Pferd nicht mehr berühren. Auf dem begrenzten Platz sollte es nicht schwierig sein, den Kontakt zum Pferd zu halten. Sobald es nicht mehr zurückweicht, clicken Sie, geben ein Leckerli und geben den Körperkontakt zum Pferd auf. Gerade bei sehr zurückhaltenden Pferden, die den Kontakt zum Menschen zunächst meiden, ist darauf zu achten, nicht zu aufdringlich zu werden und das Pferd gleich zu Beginn zu drücken oder sehr ausgiebig zu streicheln. Auch wenn Sie so Ihre Zuneigung und Freude darüber ausdrücken möchten, dass Ihr Pferd sich endlich einfangen und anfassen lässt, für die Pferde ist dies meist noch zu viel, warten Sie also besser noch etwas damit, und machen Sie sich auch bewusst, dass nicht in jedem Pferd ein Schmusetier steckt.

Wenn Sie an diesem Punkt mit Ihrem Pferd angelangt sind, ist das Aufhalftern für viele kein Problem mehr. Es gibt jedoch auch Pferde, denen gerade das Aufhalftern unangenehm ist und die sich dagegen wehren. In diesem Fall sollte das Pferd zunächst lernen, dass Berührungen am Kopf positiv sein können, bevor Sie mit dem Aufhalftern beginnen. Sie berühren Ihr Pferd vorsichtig, jedoch nicht zu zaghaft mit den Händen am Kopf und clicken und geben ein Leckerli, wenn das Pferd den Kopf nicht wegzieht. Gehen Sie auch hier wieder möglichst langsam vor, so dass das Pferd keine Abwehrreaktion zeigt. Sollte es doch dazu kommen und es weicht leicht vor Ihrer Berührung zurück, so versuchen Sie auch hier den Kontakt zu halten, clicken Sie, geben Sie Leckerli und geben Sie den Kontakt auf, wenn das Pferd ruhig steht. Wenn das Pferd die Berührung durch Ihre Hand akzeptiert, so nehmen Sie als nächsten Schritt ein weiches Seil, beispielsweise den Halfterstrick, und legen Sie diesen über den Nasenrücken, das Genick und lassen Sie den Strick vorsichtig über die Ohren gleiten, häufig eine sensible Stelle bei vielen Pferden. Es gilt auch hier wieder der Grundsatz, langsam und bedächtig zu arbeiten und für ruhiges und entspanntes Verhalten Click und Leckerli. Ist Ihr Pferd an die Berührung mit dem Strick gewöhnt, so nehmen Sie als nächstes das Halfter und arbeiten sich auch hier Schritt für Schritt vorwärts, bis Sie schließlich dem Pferd problemlos das Halfter anlegen können.

Führübungen, oder wer bewegt wen?

Eine der grundlegenden Übungen im Umgang mit Pferden sind für mich Führübungen. Wie häufig müssen wir unsere Pferde von A nach B bringen und wieder zurück, auf die Weide, in den Stall, in den Auslauf, auf den Reitplatz. Wir verbringen geraume Zeit mit dem Führen unserer Pferde, und doch wird dem korrekten Führen meines Erachtens häufig zu wenig Aufmerksamkeit geschenkt. Für viele Menschen beginnt das Training mit dem Pferd, wenn sie im Sattel sitzen oder vielleicht auch schon beim Longieren, aber für die Wenigsten ist das Führen aus der Box oder dem Auslauf eine Trainingseinheit. Das bedeutet, dass auch nicht besonders darauf geachtet wird, wie das Pferd den Weg vom Auslauf zum Putzplatz zurücklegt. Es darf vielleicht seinem Besitzer langsam hinterhertrödeln, noch kurz ein paar Grashalme am Wegesrand knabbern oder in Richtung eines anderen Pferdes streben. Die eigentliche Arbeit hat ja noch nicht angefangen, da ist es nicht so tragisch, wenn das Pferd uns nicht sonderlich Beachtung schenkt, wir sind mit unseren Gedanken ja vielleicht auch noch nicht ganz bei unserem Pferd angekommen. Wenn wir dann mit unserem Pferd am Halfter den Reitplatz betreten und somit in unseren Augen das Training anfängt, so sind wir nun plötzlich über das gleiche Verhalten unseres Pferdes verärgert. Auf einmal erwarten wir, dass es am durchhängenden Führstrick neben uns geht, sich unserer Geschwindigkeit anpasst und sofort stoppt, wenn wir anhalten. Doch woher soll unser Pferd wissen, dass das Verhalten, das eben noch geduldet wurde, nun nicht mehr erwünscht ist. Für das Pferd macht es keinen Unterschied, wo wir es führen, ob aus dem Auslauf oder in der Reitbahn. Das Training beginnt für unsere Pferde auch nicht in der Reitbahn und endet in dem Moment, wo wir die Zügel aus der Hand kauen lassen oder absitzen. Für das Pferd endet das, was wir als Training bezeichnen, in dem Moment, in dem wir das Pferd wieder in seine Box oder seinen Auslauf bringen und gehen. Alles, jeder Kontakt mit dem Pferd, auch wenn er in der Box stattfindet und wir das Pferd nur streicheln, ist eine Art von Training.

Jedes Pferd sollte sich meiner Meinung nach von uns an unterschiedlichen Positionen führen lassen, es sollte sowohl hinter uns gehen, als sich auch von beiden Seiten führen lassen. Ich benutze für das Führtraining und die Bodenarbeit gerne ein langes Bodenseil von drei bis vier Metern Länge. Dies hat den Vorteil gegenüber einem kürzeren Führstrick, dass ich flexibler bin und mein Pferd beispielsweise auf kleinen Kreisen um mich herumschicken kann oder dem Pferd mehr Spielraum geben kann zum Überwinden von Hindernissen. Je nach Pferd kann es auch angebracht sein, eine Gerte zur Unterstützung unserer Hilfen zu benutzen. Es ist sinnvoll, mit dem Führtraining auf einem fest eingezäunten Platz zu beginnen. Wichtig sind ein gut sitzendes Halfter für das Pferd sowie Handschuhe für den Ausbilder. Beim Umgang mit dem Pferd ist es sinnvoll, grundsätzlich Handschuhe zu tragen, da sich selbst das bravste Pferd erschrecken und zur Seite springen kann. Ein Ruck am Führstrick kann ohne Handschuhe zu sehr schmerzhaften Verletzungen führen.

Führen neben dem Pferd

Für das Führen neben dem Pferd stellen Sie sich an die Schulter des Pferdes, so dass Ihre Beine sich ungefähr neben den Vorderbeinen des Pferdes befinden. Von welcher Seite Sie beginnen, ist Ihnen überlassen, den meisten Menschen fällt das Führen von links allerdings leichter. Nehmen Sie den Führstrick in beide Hände und achten Sie darauf, keine Schlaufe entstehen zu lassen, denn diese kann sich zuziehen, wenn das Pferd am Strick ziehen sollte. Wenn Sie eine Gerte haben, so halten Sie diese in der dem Pferd abgewandten Hand. Beginnen Sie mit dem Führen entlang eines Zaunes oder einer Bande. Dies hat den Vorteil, dass Ihr Pferd seitlich begrenzt wird und so nicht zur Seite ausweichen kann. Wenn Sie das Pferd zum Antreten auffordern, achten Sie besonders darauf, dass nicht Sie zuerst loslaufen und so vor die Schulter des Pferdes kommen. Pferd und Mensch sollten möglichst gleichzeitig losgehen. Sollte Ihr Pferd bereits ein Stimmkommando für das Antreten kennen, so können Sie dies bereits zu diesem Zeitpunkt einsetzen, ansonsten gehen Sie wie gewohnt vor und führen das Stimmkommando – soweit eins erwünscht ist – erst dann ein, wenn das Verhalten sicher gezeigt wird. Signalisieren Sie dem Pferd überdeutlich durch Ihre Körperhaltung, dass Sie losgehen möchten, das bedeutet, neigen Sie den Oberkörper etwas nach vorne, lösen Sie ein Bein vom Boden und führen Sie dies langsam vor und gehen Sie mit der dem Pferd zugewandten Hand etwas vor, so dass ein leichter Druck auf dem Führstrick entsteht. Bei einigen Pferden reicht dies schon aus, um sie zum Losgehen aufzufordern, während Sie bei anderen etwas deutlicher werden müssen. Sollte Ihr Pferd nicht wie gewünscht reagieren, so gehen Sie nicht los, sondern ticken Sie es leicht mit der Gerte an der Flanke an. Sollte auch dies nicht ausreichen, so ist es sinnvoll, mit einem Helfer zu arbeiten, der das Pferd von hinten energisch antreibt. Macht das Pferd schließlich einen Schritt nach vorne, so clicken Sie und geben ein Leckerli und arbeiten sich so langsam immer weiter vor, bis Sie nach einiger Zeit fürs Antreten und mehrere Schritte hintereinander clicken. Sollte Ihr Pferd das Führen bereits kennen und Sie möchten es nur verbessern, so werden Sie natürlich nicht für die gleichen Dinge clicken, da diese wahrscheinlich schon beherrscht werden, sondern nur für Verbesserungen in die gewünschte Richtung. Sollte Ihr Pferd beim Antreten immer darauf warten, bis Sie losgehen, so clicken Sie, wenn es gleichzeitig mit Ihnen startet, wird es beim Führen immer schneller, so clicken Sie, wenn es sich besser an Ihr Tempo anpasst. Um Ihr Pferd beim Führen schneller zu bekommen, beschleunigen Sie selbst Ihren Schritt, ohne das Pferd zu überholen, und treiben Sie es wenn notwendig von hinten mit der Gerte an oder lassen es von einem Helfer antreiben. Sollte Ihr Pferd beim Führen zu schnell werden, so nehmen Sie den Führstrick kurzzeitig an. Wenn dies nicht ausreichen sollte, so führen Sie Ihre äußere Hand mit der Gerte nach vorne und halten die Gerte vor das Pferd, um es so zu bremsen. Genauso

So leicht kann das Führen aussehen,
wenn Pferd und Mensch die Grundlagen beherrschen.

verfahren Sie auch, wenn Sie Ihr Pferd anhalten möchten. Sie nehmen den Führstrick an, bleiben stehen und führen gleichzeitig den Arm mit der Gerte nach vorne, um dem Pferd den Weg abzuschneiden. Dabei dürfen Sie sich etwas zum Pferd eindrehen, damit es nicht an der Gerte vorbeilaufen kann. Besonders wichtig ist, dass alle Hilfen zusammen gegeben werden und Sie nicht erst stehen bleiben und danach den Führstrick annehmen oder den Arm mit der Gerte nach vorne führen. Genau wie beim Antreten soll das Pferd lernen, gut auf Sie zu achten, und das Ziel ist es, dass das Pferd auch bei der ganzen Parade die Position neben Ihnen hält.

Wenn das Führen entlang einer seitlichen Begrenzung gut klappt, dann können Sie damit beginnen, Ihr Pferd auf freier Fläche zu führen, geradeaus, aber auch auf gebogenen Linien. Gerade zu Beginn hilft es den meisten Pferden, wenn sie einen optischen Anhaltspunkt haben, wie beispielsweise Tonnen oder Pylonen, um die sie herumgeführt werden. Um Ihrem Pferd einen Richtungswechsel anzuzeigen, wenden Sie Ihren Körper deutlich in die neue Richtung. Soll das Pferd zu Ihrer Seite abwenden, so ist dies meistens kein Problem, Sie nehmen zusätzlich den Führstrick etwas mehr in die gewünschte Richtung und achten darauf, dass Ihr Pferd neben Ihnen bleibt. Sie müssen vielleicht etwas treiben, da Ihr Pferd nun etwas schnellere Schritte machen muss, um weiterhin neben Ihnen zu bleiben. Wendungen in die andere Richtung, also zum Pferd hin, sind meist etwas schwieriger. Das Pferd muss Ihnen weichen und gleichzeitig etwas langsamer werden, da es einen etwas kürzeren Weg zurücklegen muss. Dies erreichen Sie, indem Sie sich deutlich in die Bewegungsrichtung drehen, das Pferd durch kurzes Annehmen des Führstrickes langsamer machen und den äußeren Arm mit der Gerte anheben, um das Pferd so in die gewünschte Richtung zu bewegen. Da das Anheben des Armes und das Zudrehen auf das Pferd ähnlich den Hilfen zum Langsamerwerden und Anhalten sind, müssen Sie darauf achten, dass das Pferd nicht stehen bleibt. Es kann nötig sein, kurzzeitig den äußeren Arm nach hinten zu führen, um das Pferd anzutreiben.

Führen vor dem Pferd

Wie bereits erwähnt gibt es zum Führen außer der Position neben dem Pferd auch noch die Position vor dem Pferd. Sie befinden sich hierbei etwa ein bis zwei Meter vor dem Pferd, zu Beginn leicht versetzt, so dass Sie gerade zu Beginn dieser Übung Ihr Pferd noch aus dem Augenwinkel heraus beobachten können. Bei besonders faulen Pferden ist es nicht ratsam, mit dieser Form des Führens anzufangen, da es sonst häufig dazu führt, dass die Pferde unwillig vom Menschen hinter sich hergezogen werden. Das Antreten signalisieren Sie wiederum durch Ihre deutlich betonte Körperhaltung, also den vorgeneigten Oberkörper und das langsame Vorsetzen eines Beines. Außerdem nehmen Sie den Führstrick, den Sie in beiden Händen halten, leicht an, so dass dieser gespannt ist und ein leichter Druck entsteht. Hat Ihr Pferd bereits gelernt, auf Druck zu weichen, so wird es sicher ohne zu Zögern antreten. Sollte es dies nicht tun, so erhöhen Sie den Druck etwas, sobald das Pferd einen Schritt nach vorne macht, lässt der Druck nach, das Pferd erhält also eine negative Bestärkung. Sie können noch zusätzlich clicken und Ihr Pferd so wie gewohnt positiv bestärken. Bei einigen Pferden reicht der Druck am Halfter nicht aus, damit sie Ihnen folgen. Damit dies nicht in ein endloses Gezerre ausartet, sollten Sie zu Beginn einen Helfer haben, der von hinten treibt, bis das Pferd die Übung verstanden hat. Der Helfer ist besonders dann wichtig, wenn Sie damit beginnen, die Führübungen im Trab zu machen. Denn in der Position vor dem Pferd haben Sie keinerlei Möglichkeiten, das Pferd anzutreiben.

Das Pferd soll bei dieser Übung lernen, auf Sie zu achten und sich Ihrer Geschwindigkeit anzupassen. Wird das Pferd zu langsam, so nehmen Sie den Führstrick nach vorne an und es wird Druck auf das Halfter ausgeübt. Sobald das Pferd schneller wird, lässt der Druck sofort nach (und Sie clicken und geben ein Leckerli). Sollte auf Ihr Pferd der umgekehrte Fall zutreffen, Ihr Pferd also zu schnell werden und von hinten in Sie hineinlaufen oder versuchen Sie zu überholen, so können Sie sich den langen Führstrick zu Nutze machen. Halten Sie den Führstrick in beiden Händen und bewegen Sie den Arm mit dem losen Ende des Führstrickes vor Ihrem Körper von links nach rechts hin und her, so dass das Ende des Führstrickes seitlich an Ihrem Körper vorbei nach hinten schlägt. Wenn Ihr Pferd Ihnen jetzt zu nahe kommt, so wird es den Führstrick auf die Nase bekommen, was Ihr Pferd dazu veranlassen wird, etwas mehr Abstand zu halten. Ist der Abstand wieder größer, so ist der Führstrick zu kurz, um das Pferd noch an der Nase zu treffen. Das Pferd lernt, dass es angenehmer ist, den Abstand einzuhalten, da es so den Führstrick nicht auf die Nase bekommt. Zusätzlich können Sie Ihr Pferd positiv bestärken, wenn es den richtigen Abstand zu Ihnen einhält.

Wenn Sie Ihr Pferd anhalten möchten, so sollten Sie sich dazu die ersten Male schnell umdrehen, so dass Sie Ihr Pferd anschauen, sich gut aufrichten und, falls dies nicht ausreichen sollte, Ihre Arme anheben, um dem Pferd so zu signalisieren, dass es anhalten soll. Sobald es steht, wird geclickt und ein Leckerli gegeben. Das Endziel soll sein, dass Sie sich nicht mehr umdrehen müssen und Ihr Pferd so auf Sie achtet, dass es wahrnimmt, wenn Sie die Schultern straffen und sich gut aufrichten und anhalten. Ganz wichtig ist bei dieser Übung, dass der Abstand, den Sie beim Führen haben, auch bei der ganzen Parade beibehalten wird.

Wenn die Führübungen im Schritt gut beherrscht werden, so können Sie auch in einer schnelleren Gangart geübt werden. Besonders Übergänge vom Halt zum Trab oder aus dem Trab zum Halt schulen hier die Aufmerksamkeit und das Reaktionsvermögen des Pferdes.

Stillstehen

Zusammen mit dem Anhalten kann auch gleich das Stillstehen geübt werden, eine Übung, die in den unterschiedlichsten Situationen immer wieder auf das Pferd zukommt, sei es beim Angebundensein, beim Anhängerfahren, beim Aufsteigen oder beim Tierarztbesuch. Es ist durchaus sinnvoll, das Stillstehen im Rahmen der Führübungen zu trainieren, ohne dass es direkt mit dem Angebundensein oder einer anderen Aufgabe in Verbindung steht. Wenn Sie Ihr Pferd angehalten haben, warten Sie einen kurzen

Moment und clicken und geben ein Leckerli, wenn das Pferd ruhig auf allen vier Beinen stehen bleibt. Nach und nach verlängern Sie den Zeitraum, bis Sie clicken, so lernt das Pferd immer länger ruhig stehen zu bleiben.

Als nächsten Schritt üben Sie, dass Ihr Pferd stehen bleibt und Sie sich langsam von ihm entfernen, ohne dass es Ihnen folgt. Hierfür halten Sie Ihr Pferd an und entfernen sich einen Schritt von ihm. Halten Sie Blickkontakt zum Pferd und wenn nötig auch den Arm oder die Gerte hoch, um so das Pferd daran zu hindern, Ihnen zu folgen. Bleibt das Pferd stehen, so clicken Sie und geben ein Leckerli. Sollte es Anstalten machen, Ihnen zu folgen, so bewegen Sie sich auf das Pferd zu, um es daran zu hindern. Nach und nach vergrößern Sie den Abstand zwischen sich und Ihrem Pferd, bis Sie schließlich mehrere Meter vom Pferd entfernt sind oder sogar um das Pferd herumgehen können. Beachten Sie bei dieser Übung, dass der Click auch immer das Verhalten beendet, das bedeutet, wenn Sie in dem Moment clicken, in dem Sie sich mehrere Schritte vom Pferd entfernt befinden, so darf das Pferd seine Position verlassen. Möchten Sie dies von Anfang an nicht, so sollten Sie mit dem Click warten, bis Sie sich wieder dem Pferd angenähert haben, so dass das Pferd seine Position nicht verlassen muss, um sich das Leckerli zu holen.

Rückwärtsrichten

Für mich zählt zu den Führübungen auch das Rückwärtsrichten und seitliche Weichen, denn das Führen ist meiner Meinung nach nicht auf eine Richtung – also nur nach vorne – beschränkt. Dies merken wir spätestens dann, wenn wir ein Pferd durch ein Stangen-L oder von einem Pferdeanhänger herunterführen wollen. Hier kann es notwendig sein, dass es auch einige Schritte nach hinten oder zur Seite macht.

Zum Erlernen des Rückwärtsrichtens oder Weichens nach hinten gibt es zwei Möglichkeiten, wie Sie vorgehen können. Sie beginnen immer aus dem Stand. Stellen Sie sich neben den Kopf Ihres Pferdes mit Blick in Richtung Hinterhand. Beginnen Sie mit zumindest einer seitlichen Begrenzung wie einem Zaun oder auch einer beidseitigen Begrenzungdie sich leicht durch zwei Cavalettis schaffen lässt, zwischen denen Sie Ihr Pferd rückwärts weichen lassen. Führen Sie Ihre Hand mit dem Führstrick unter dem Pferdekopf in Richtung Bug und nehmen Sie den Führstrick so weit an, dass ein leichter Druck auf dem Halfter entsteht. Verlagert das Pferd sein Gewicht nach hinten oder bewegt es sich nach hinten, so geben Sie sofort nach (negative Bestärkung) und clicken und geben Sie ein Leckerli (positive Bestärkung). Nach und nach können Sie so von Ihrem Pferd immer mehr Schritte fordern. Bei einigen Pferden wird der alleinige Druck auf das Halfter nicht ausreichen, damit sie sich nach hinten bewegen. Hier können Sie das Pferd zusätzlich mit der Gerte am Bug oder auch am Vorderbein leicht antippen. Auch hier lassen der Druck und das Antippen sofort nach, sobald das Pferd einen Schritt in die gewünschte Richtung macht.

Eine andere Möglichkeit ist, dass Sie sich in etwa einem Meter Entfernung vor dem Pferd aufstellen mit Blick in Richtung Pferd. Den Führstrick halten Sie in beiden Händen und bewegen ihn von rechts nach links, so dass eine deutliche Schlängelbewegung entsteht, die von den meisten Pferden als unangenehm empfunden wird. Es ist nun am Pferd herauszufinden, wie es dieses unangenehme Gefühl beenden kann, nämlich indem es sich nach hinten bewegt. Sobald Ihr Pferd einen Schritt nach hinten macht oder auch nur sein Gewicht nach hinten verlagert, hören Sie auf, den Führstrick zu bewegen. Sie arbeiten hier also erneut mit dem Einsatz von negativer Bestärkung, der Führstrick wird nicht mehr bewegt und das unangenehme Gefühl am Halfter hört auf. Zusätzlich können Sie clicken und dem Pferd ein Leckerli geben.

Weichen auf Druck

Nachdem Sie Ihr Pferd nun vorwärts und rückwärts führen können, fehlt noch das seitliche Weichen. Bevor ich das Pferd mehrere Schritte weichen lasse, beginne ich damit, einzelne Körperpartien weichen zu lassen. Hierbei lernt das Pferd die sehr wichtige Lektion, auf Druck nachzuge-

ben, denn die natürliche Reaktion des Pferdes ist es, auf Druck mit Gegendruck zu reagieren, ein Verhalten, das allen Pferden angeboren ist. Lernen Pferde im Laufe ihrer Ausbildung nicht auf Druck nachzugeben, so werden später immer wieder Probleme auftauchen, da dies eine grundlegende Lektion ist. Das Pferd lässt sich vielleicht nicht anbinden, da es nicht gelernt hat, dem Druck des Führstrickes nachzugeben, und deshalb dagegen nach hinten zieht, oder es nimmt beim Reiten den seitwärtstreibenden Schenkel nicht an, sondern arbeitet dagegen.
Beginnen Sie damit, dass Sie zwei Finger im Bereich der Backe an den Kopf des Pferdes anlegen und damit einen leichten Druck ausüben. Wendet das Pferd den Kopf ein wenig ab, um dem Druck auszuweichen, so lassen Sie sofort nach und clicken und geben Sie ein Leckerli. Sollte das Pferd den Kopf nicht seitlich abwenden, so erhöhen Sie den Druck vorsichtig etwas, bis das Pferd die gewünschte Reaktion zeigt. Machen Sie diese Übung von beiden Seiten. Danach legen Sie Ihre Finger auf das Genick des Pferdes und üben Sie hier einen leichten Druck aus. Bewegt das Pferd seinen Kopf nach unten, so lässt der Druck sofort nach und Sie clicken und geben ein Leckerli. Um Ihrem Pferd beizubringen, den Kopf zu senken, können Sie auch den Führstrick nach unten ziehen, über das Halfter wird dann ebenfalls Druck auf das Genick ausgeübt. Hat das Pferd gelernt, seinen Kopf auf Druck zu senken, so hat dies besonders bei großen Pferden einen Vorteil, es vereinfacht beispielsweise das Auftrensen.

Wenn die Übung am Kopf gut funktioniert gehen Sie zum nächsten Körperteil, der Hinterhand. Auch hier üben Sie nur einen punktuellen Druck mit zwei Fingern aus. Wahrscheinlich werden Sie an dieser Stelle mehr Druck ausüben müssen, bis Ihr Pferd weicht, dann geben Sie den Druck sofort auf, clicken und geben ein Leckerli. Diese Übung sollte möglichst so aussehen, dass das Pferd die Hinterhand in einem Kreis um die Vorhand bewegt, welche fast auf der Stelle tritt. Dieses Endziel erreichen Sie durch das Formen. Zunächst bestärken Sie Ihr Pferd jedes Mal, wenn es dem Druck weicht, auch wenn es dabei die Vorhand mitbewegen sollte. Wenn das Pferd relativ sicher weicht, gehen Sie dazu über, nur noch dann zu bestärken, wenn es die Vorhand möglichst wenig bewegt. Weicht Ihr Pferd auch gut dem Druck an der Hinterhand, so bringen Sie ihm als nächstes bei, mit der Vorhand seitlich zu weichen. Diese Übung sollte möglichst so aussehen, dass die Hinterhand fast auf der Stelle tritt und die Vorhand sich in einer Kreisbewegung um die Hinterhand herumbewegt. Dies ist deutlich schwieriger als wenn Sie die Hinterhand weichen lassen wollen. Die meisten Pferde werden zu Beginn dem Druck wahrscheinlich weichen, da sie dies bereits bei vorherigen Übungen gelernt haben, doch meist mit dem gesamten Körper seitlich oder auch leicht nach hinten. Legen Sie Ihre Finger etwa auf Höhe der Schulter an und zusätzlich die Finger der anderen Hand an die Backe. Nun üben Sie wie bereits bei den vorherigen Körperteilen einen punktuellen Druck aus, bis das Pferd die gewünschte Reaktion zeigt, also dem Druck weicht. Es wird einige Zeit des Formens in Anspruch nehmen, bis das Pferd gezielt nur mit der Vorhand seitlich weichen wird.

Selbstverständlich ist es ratsam, diese Übungen wie alle anderen Übungen von beiden Seiten durchzuführen. Weicht Ihr Pferd auf den gezielten Druck auf Vor- oder Hinterhand willig zur Seite, so ist es keine Schwierigkeit mehr, Vor- und Hinterhand gemeinsam seitlich weichen zu lassen. Sie legen dafür Ihre Finger an die Schulter und an den Oberschenkel und üben einen leichten Druck aus. Möchten Sie, dass Vor- oder Hinterhand etwas vorausgehen oder bewegt sich das Pferd mit einem Teil schneller und Sie möchten dies korrigieren, so genügt es, wenn Sie auf den entsprechenden Körperteil leichten Druck ausüben, da das Pferd ja bereits gelernt hat seine Vor- und Hinterhand unabhängig voneinander zu bewegen.

Sie sind nach diesen Übungen nun hoffentlich in der Lage, Ihr Pferd in alle vier Richtungen, nach vorne, nach hinten, nach rechts und nach links, zu führen.

Wenn Sie diese Übungen bis jetzt an ein und demselben Ort geübt haben, so ist es nun an der Zeit, dies an unterschiedlichen Orten zu tun, damit das Verhalten gefestigt wird und Sie in jeder Situation sicher sein können, dass Ihr Pferd Ihren Richtungsanweisungen folgt.

Übrigens: Um einem Pferd das korrekte Führen beizubringen, eignet sich auch sehr gut das Targeting.

Angebunden sein – eine Übung?

Einige von Ihnen mögen vielleicht denken, dass das Angebundensein keine Übung im eigentlichen Sinne darstellt, da das Pferd in Ihren Augen nicht aktiv agiert. Aus Sicht des Pferdes sind für diese Übung jedoch einige grundlegende Dinge zu erlernen, damit es entspannt am Anbindeplatz steht und weder scharrt noch versucht sich loszureißen. Zum einen muss das Pferd das ruhige Stehen auf Kommando lernen, zum anderen die grundlegende Lektion, dass es auf Druck nicht mit Gegendruck reagiert, sondern dem Druck nachgibt. Wie Sie Ihrem Pferd diese grundlegenden Lektionen beibringen, haben Sie bereits im Abschnitt über das Führen gelesen, so dass wir direkt zu dem eigentlichen Anbinden kommen können. Wichtig ist der geeignete Platz, das heißt ein Anbindebalken oder Anbindehaken, der dem Zug eines Pferdes standhalten würde und nicht zusammenbricht oder sich aus der Wand löst. Der Untergrund sollte eben und wenn möglich rutschfest sein, und ganz wichtig: Es dürfen sich keinerlei spitze oder scharfe Gegenstände in der Nähe befinden, an denen sich das Pferd verletzen könnte.

Sie führen Ihr Pferd an den Anbindeplatz, lassen es anhalten und legen den Strick zunächst nur locker um den Anbinder. Bleibt Ihr Pferd ruhig stehen, so clicken Sie und geben ein Leckerli. Wenn Ihr Pferd gut vorbereitet ist, sollte es kein Problem sein, den Strick auch gleich festzuknoten, wofür Sie wieder clicken und ein Leckerli geben. Steht Ihr Pferd ruhig und gelassen, clicken Sie und geben Leckerlis im Abstand von wenigen Sekunden. Am Anfang reicht es völlig aus, wenn Sie Ihr Pferd nur wenige Sekunden anbinden. Wichtiger ist die positive Erfahrung, die es macht. Dann wird es nicht schwierig sein, die Dauer des Anbindens auch relativ schnell zu erhöhen. Wenn Ihr Pferd gelernt hat, für wenige Sekunden ruhig und gelassen stillzustehen, so zögern Sie das Clicken immer ein wenig länger heraus, um so die Anforderungen zu erhöhen. Bleibt Ihr Pferd schließlich mehrere Minuten entspannt neben Ihnen stehen, so ist es an der Zeit, dass Sie sich von Ihrem Pferd entfernen und es lernt, auch in Ihrer Abwesenheit ruhig am Anbindeplatz zu stehen. Sie entfernen sich hierfür zunächst nur ein bis zwei Schritte und clicken, wenn Ihr Pferd das gewünschte Verhalten zeigt. Dann gehen Sie wieder zu Ihrem Pferd zurück und geben das Leckerli. Bei dieser Übung wird sehr gut deutlich, welchen Nutzen Ihnen der Clicker bringt. Sie können aus der Entfernung für das erwünschte Verhalten genau im richtigen Moment clicken und haben danach die Zeit, zum Pferd zurückzugehen und das Leckerli zu geben. Sie fahren nun so fort, dass Sie sowohl Ihren Abstand zum Pferd wie auch die Zeitabstände, in denen das Pferd ruhig stehen soll, langsam immer mehr vergrößern, und dabei immer clicken und Leckerlis geben, wenn sich Ihr Pferd so verhält, wie Sie es möchten. Letztendlich sollten Sie so weit kommen, dass Sie sich sogar aus dem Gesichtsfeld Ihres Pferdes entfernen. Sie müssen Ihr Pferd natürlich noch im Blick haben oder von einem Helfer berichten lassen, was Ihr Pferd macht, damit Sie entsprechend reagieren können. Sollten Sie sich sehr weit von Ihrem Pferd entfernen, so kann es nötig sein, dass Sie den Clicker an eine andere Person im Umkreis des Pferdes weitergeben, da das Pferd den Click sonst vielleicht nicht mehr hören würde. Sollte Ihr Pferd unruhig werden, scharren oder ein anderes unerwünschtes Verhalten zeigen, so ignorieren Sie dieses und bestärken es dann wieder für das erwünschte Verhalten, also wenn es aufhört zu scharren oder sich zu drehen.

Targeting am Anbinder

Vielleicht haben Sie ein Pferd, das bereits mehrfach versucht hat sich am Anbindeplatz loszureißen, vielleicht sogar mit Erfolg. Auch mit diesem Pferd können Sie die oben beschriebene Methode versuchen, oder Sie nutzen das Targeting, um Ihrem Pferd das unerwünschte Verhalten abzutrainieren. Dies bietet sich besonders dann an, wenn Ihr Pferd Gefallen am Targeting gefunden hat. Zunächst ist es sehr sinnvoll, dass Sie an einem Platz beginnen, wo Sie Ihr Pferd normalerweise nicht anbinden. Handlungen werden sehr häufig mit Orten verknüpft, das bedeutet, Ihr Pferd verknüpft den üblichen Anbindeplatz mit dem Rückwärtsziehen und Losreißen. An einem neuen Ort wird es dieses Verhalten wahrscheinlich auch zeigen, oftmals aber nicht mit der gleichen Intensität. Sie können an dem neuen Anbindeplatz entweder ein Objekt, das Ihr Pferd berühren soll, vorne am Anbinder befestigen oder Sie benutzen ein Objekt, das Sie dem Pferd vor die Nase halten. Wenn es sich um ein Objekt handelt, das Sie bis jetzt noch nicht für das Targeting verwendet haben, so ist es wichtig, Ihrem Pferd das Objekt vorher zu zeigen und es es ein paar Mal berühren zu lassen, zu clicken und Leckerlis zu geben, damit das Pferd weiß, was von ihm erwartet wird. Benutzen Sie einen langen Strick, den Sie mehrmals um den Anbinder legen und dessen Ende Sie im Notfall noch greifen können. Sollte Ihr Pferd versuchen sich loszureißen, so gibt der Strick etwas nach und das Pferd kann einige Schritte zurücktreten, wodurch viele Pferde bereits aufhören weiter nach hinten zu ziehen. Durch die Länge des Strickes ist Ihr Pferd nicht ganz los.

Sie beginnen, indem Sie dem Pferd das Kommando geben, das Objekt mit der Nase zu berühren. Für dieses Verhalten bekommt das Pferd einen Click und ein Leckerli. Sie wiederholen diesen Vorgang mehrmals und dehnen mit der Zeit die Abstände aus, in denen Sie Ihr Pferd auffordern das Objekt zu berühren. Versucht Ihr Pferd sich loszureißen, so versuchen Sie, so weit es geht, dies zu ignorieren. Mit der Zeit beginnen Sie damit, die üblichen Tätigkeiten aufzunehmen, die Sie tun, wenn Ihr Pferd angebunden ist. Sie putzen es und fordern es dabei immer wieder zum Berühren des Objekts auf, clicken und geben Leckerlis. Nach und nach sollte es dann immer weniger nötig sein, das Pferd zum Targeting aufzufordern, und es sollte über längere Zeit ruhig und entspannt stehen, ohne zu versuchen sich loszureißen. Der schwierigste Schritt wird sein, wenn Sie wieder an den alten Anbindeplatz zurückgehen, wo Sie sonst Ihr

Das gezielte Targettraining am Anbinder
macht das unerwünschte Losreißen unmöglich.

Pferd angebunden haben. Es ist durchaus möglich, dass Ihr Pferd sich an einem neuen Anbindeplatz nach dieser Übung nicht mehr versucht loszureißen, dies jedoch an dem alten Anbindeplatz zunächst wieder versucht. Sie durchlaufen dann hier genau die gleichen Schritte, die Sie zuvor an einem anderen Anbindeplatz mit Ihrem Pferd geübt haben. Es besteht die Möglichkeit, dass das Verhalten sehr fest mit dem Ort verbunden bleibt, dann sollten Sie sich überlegen Ihr Pferd dauerhaft an einem neuen Ort anzubinden.

Durch das Targeting wird die Aufmerksamkeit des Pferdes auf etwas anderes als die Handlung des Losreißens gelenkt, es konzentriert sich darauf, wie und wann es den nächsten Click und das damit verbundene Leckerli erhält. Außerdem ist das Berühren des Objekts mit der Nase eine Handlung, die unvereinbar ist mit der Handlung des Losreißens, die eine Bewegung richtet sich nach vorne, während die andere in die entgegengesetzte Richtung, also nach hinten, geht. Hat das Pferd verstanden, dass die Bewegung nach vorne, zum Anbinder, positiv bestärkt wird, während das Losreißen weitgehend ignoriert, also negativ bestraft wird, so wird es mit der Zeit immer häufiger das erwünschte Verhalten zeigen, das ihm Clicks und Leckerlis einbringt, und das unerwünschte Verhalten wird immer weniger gezeigt werden.

Wie gewöhne ich mein Pferd an Schreckgespenster?

Naturgemäß ist für Pferde alles Neue erst mal eine potenzielle Gefahr, bis das Gegenteil bewiesen ist. Auf diese potenzielle Gefahr reagiert das Pferd mit Flucht, um sein Überleben zu sichern. Dies ist ein angeborener Überlebensmechanismus, der jedoch unseren täglichen Umgang mit dem Pferd und das Reiten schwierig macht. Es ist also sinnvoll, unserem Pferd beizubringen, dass nicht alles Neue, besonders in unserer Gegenwart, eine potenzielle Gefahr darstellt und ein Grund zur Flucht besteht. Seit vielen Jahren wird dies den Pferden durch das so genannte Auslappen beigebracht. Unter Auslappen versteht man die Gewöhnung an Berührungen oder Gegenstände, die dem Pferd zunächst Angst einflößen. Das ist ein erstrebenswertes Ziel, denn wie viel entspannter ist für den Reiter der Umgang mit einem ausgeglichenen Pferd. Wenig entspannend ist dagegen das Auslappen für das Pferd, denn es wird auch dann fortgesetzt, wenn sich das Pferd dagegen wehrt. Das Pferd lernt, dass es nichts dagegen machen kann, dass ihm aber auch nichts geschieht. In der Lerntheorie spricht man von einer Reizüberflutung, die meiner Meinung nach bei der Pferdeausbildung nur sehr sparsam und mit Bedacht eingesetzt werden sollte. Bei der Reizüberflutung wird eine möglichst schnelle Gewöhnung an den Angst einflößenden Reiz angestrebt. Dafür wird das Pferd dem Reiz so lange ausgesetzt, bis es keine Reaktion mehr zeigt. Bei einigen Pferden führt diese Methode sicherlich zum gewünschten Ergebnis, bei anderen Pferden können mögliche Folgen aber eine Verstärkung anstatt einer Behebung der Angstreaktion sein sowie die Verknüpfung der negativen Erfahrung mit dem Menschen. Um sich besser vorstellen zu können, wie die Pferde das Auslappen wahrnehmen, stellen Sie sich vor, dass Sie unter einer Spinnenphobie leiden. Nun werden sie in einen Raum voller

Spinnen gebracht. Diese können Ihnen zwar nicht gefährlich werden, Sie haben jedoch Angst und können den Raum nicht verlassen, um den Spinnen zu entkommen. Würden Sie auf diese Weise gerne Ihre Angst vor Spinnen verlieren, wenn es eine andere Möglichkeit gibt?

Egal ob Sie Ihr Jungpferd an Berührungen gewöhnen wollen, Ihr ausgewachsenes Reitpferd an bunte Regenschirme oder Ihrem Pferderentner die lange bestehende Angst vor Sprühflaschen abgewöhnen möchten, die Herangehensweise ist immer die Gleiche. Sie konfrontieren Ihr Pferd mit dem Angst einflößenden Gegenstand oder der Berührung in so abgeschwächter Form, dass keinerlei Reaktion beim Pferd auftritt. Sie müssen wirklich ganz klein anfangen. Wenn Ihr Pferd Angst vor knisternden Plastiktüten hat und versucht zu steigen und sich loszureißen, wenn Sie sich dem Pferd damit nähern, dann bringt es nichts, wenn Sie in einiger Entfernung vom Pferd stehen und knistern, wo es nur skeptisch in Richtung Tüte schielt und schnaubt. Entfernen Sie sich so weit, dass wirklich keinerlei negative Reaktion bei Ihrem Pferd auftritt, egal ob Sie dafür 10, 20 oder 30 Meter von Ihrem Pferd entfernt sein müssen. Dies gilt für jeden Gegenstand und jede Berührung oder woran Sie Ihr Pferd gewöhnen möchten. Wenn Sie hier nur halbherzig agieren und denken, es würde ausreichen, dort mit dem Training anzufangen, wo das Pferd nicht mehr steigt oder andere heftige Reaktionen zeigt, so werden Sie nie das erwünschte Ergebnis vollends erreichen. Diese Herangehensweise ist natürlich keine Garantie, dass Ihr Pferd nie mehr Angst vor Gegenständen oder Berührungen hat und in jeder Situation ruhig und entspannt bleibt. Pferde sind schließlich individuelle Lebewesen und hat Ihr Pferd bereits einmal schlechte Erfahrungen gemacht, so werden Sie sicherlich deutlich mehr Zeit und Geduld aufbringen müssen, um Ihr Pferd zu einem verlässlichen Partner zu machen, als wenn Sie mit einem jungen, noch unerfahrenen Pferd trainieren.

Kommen wir wieder zu dem Pferd mit der Angst vor raschelnden Plastiktüten zurück. Sie knistern in so großer Entfernung, dass keinerlei negative Reaktion bei Ihrem Pferd auftritt. Wenn es ruhig und entspannt bleibt, clicken Sie und geben danach ein Leckerli. Sie können diese Übung entweder alleine oder zu zweit ausführen. Wenn Sie alleine sind, achten Sie darauf, dass Sie sich nicht mit der Tüte dem Pferd nähern, um das Leckerli zu geben. Sind Sie zu zweit, kann die zweite Person clicken und dem Pferd das Leckerli geben. Nun erfolgt eine langsame, ganz allmähliche Reizsteigerung, das bedeutet, dass Sie sich Schritt für Schritt dem Pferd mit der knisternden Plastiktüte nähern oder stärker knistern und dabei clicken, wenn Ihr Pferd ruhig und entspannt bleibt. Das Wichtigste ist, dass Sie Ihr Pferd ganz genau beobachten und so langsam vorangehen, dass keine ängstliche oder abwehrende Reaktion von Ihrem Pferd kommt. Sollte Ihr Pferd sich unwohl fühlen, unruhig oder ängstlich werden, so sind Sie zu schnell vorangegangen. Sie dürfen in so einem Moment auf keinen Fall clicken und Ihr Pferd loben oder ein Leckerli geben. Außerdem sollten Sie es vermeiden, zu versuchen, Ihr Pferd in diesem Moment zu beruhigen. Ihr Pferd kann dieses ruhige Zureden als eine Art von Bestätigung seines Verhaltens sehen und dies würde dazu führen, dass das Verhalten bestehen bleibt oder sogar verstärkt auftritt, anstatt sich zu verringern.

Der Vorteil dieser schrittweisen Annäherung mit gleichzeitiger positiver Bestärkung liegt zum einen darin, dass sowohl Sie als auch Ihr Pferd sich in einer entspannten positiven Grundstimmung befinden, eine Grundvoraussetzung für entspanntes und effektives Lernen. Zum anderen wird Ihr Pferd die Erfahrungen, die es gesammelt hat, auf andere neue Situationen übertragen. Wenn Sie Ihr Pferd also auf die gleiche Art an andere Schreckgespenster wie Sprühflaschen, Bandagen oder was auch immer Ihrem Pferd Angst einjagt, gewöhnen, vorrausgesetzt es wird die gleichen positiven Erfahrungen machen, so wird Ihr Pferd mit der Zeit unbekannten Gegenständen und neuen Situationen immer gelassener begegnen, da sich neue und unbekannte Situationen in der Vergangenheit durchweg als positive Erfahrungen herausgestellt haben. Damit sind Sie dem Ziel, in Ihrem Pferd einen ausgeglichenen und gelassenen Partner für die Freizeit oder auch den Sport zu haben, ein gutes Stück nähergekommen.

Voller Elan steuert das Pferd die Pylone an und betritt dabei wie zufällig die knisternde Plane.

Eine weitere Möglichkeit ist, dass Sie Ihr Pferd bestärken von sich aus auf Schreckgespenster zuzugehen. Diese Methode bietet sich besonders bei großen oder ortsgebundenen Schreckgespenstern wie Mülltonnen oder Treckern an. Hat Ihr Pferd beispielsweise Angst vor Mülltonnen, so führen Sie Ihr Pferd so weit an eine Mülltonne heran, bis es von sich aus stehen bleibt oder eine andere skeptische Reaktion zeigt. Nun warten Sie einfach ab, dass sich Ihr Pferd der Mülltonne nähert oder zumindest in die Richtung schaut. Für jedes Verhalten, das in Richtung Mülltonne gerichtet ist, clicken Sie und geben ein Leckerli. Dies tun Sie so lange, bis Ihr Pferd von sich aus an die Mülltonne herangegangen ist und herausgefunden hat, dass von dieser keine Gefahr ausgeht. Dieser Vorgang (Formen) kann relativ lange dauern, so dass es sinnvoll sein kann, ein Hilfsmittel zu verwenden. Hierzu bietet sich der Targetstick oder ein anderer Gegenstand an, den das Pferd berühren soll. Ich benutze gerne Pylonen, da diese relativ standfest sind und sich gut platzieren lassen. Wenn ich ein Pferd habe, das ungern über Plastikplanen geht, so stelle ich eine Pylone in Nähe der Plastikplane auf und gebe das Kommando, die Pylone zu berühren. Dafür erhält das Pferd einen Click und ein Leckerli. Nach und nach rücke ich die Pylone immer dichter an die Plastikplane heran, bis sie schließlich darauf steht und das Pferd diese betreten muss, um die Pylone zu berühren und den Click und das Leckerli zu erhalten.

Entspannt auf den Anhänger

Das Gehen in einen Anhänger und die anschließende Fahrt darin ist wohl eine der größten Gefahren, der sich ein Pferd stellen muss – aus Sicht des Pferdes –, und somit ist es mehr als verständlich, dass sich viele Pferde weigern, einen Anhänger zu betreten. Die Pferde werden hier nicht nur mit einer potenziellen Gefahr konfrontiert, sondern gleich mit einer ganzen Anhängerladung voll. Machen Sie sich erneut bewusst, dass ein Pferd ein Flucht- und Herdentier ist, was bedeutet, dass Pferde es nicht mögen, in geschlossenen Räumen angebunden zu sein, denn dies verhindert ihre Flucht für den Fall, dass Gefahr droht. Die Flucht ist nur möglich, wenn die Beine und Hufe völlig intakt sind, es ist somit von größter Wichtigkeit für ein Pferd, auf diese Acht zu geben. Aus diesem Grund betreten Pferde ungern Untergründe wie Pfützen, auf deren Grund sie nicht blicken können, oder Anhänger, unter denen es hohl ist.

Wenn Sie ihr Pferd nun zum ersten Mal verladen möchten oder bereits Probleme beim Verladen bestehen, so ist es sinnvoll, das Verladen in seine einzelnen Komponenten zu zerlegen, um festzustellen, ob oder wo die Probleme auftauchen, und dann gezielt hier anzusetzen.

Führübungen

Sie beginnen in einem ruhigen, bekannten Umfeld mit Führübungen. Wenn sich diese schon in einem ruhigen Umfeld als schwierig erweisen und Ihr Pferd Sie führt statt umgekehrt, so können Sie nicht erwarten, dass Ihr Pferd Ihnen auf den Anhänger willig folgt. Setzen Sie hier zuerst an und üben Sie das korrekte Führen, zunächst auf einem ruhigen Platz, später auch unter Ablenkung oder Stress und über verschiedene Bodenhindernisse und Untergründe. Erst wenn Ihr Pferd Ihnen am lockeren Führstrick willig überallhin folgt, versuchen Sie erneut es zu verladen. Wie Sie das korrekte Führen üben, lesen Sie weiter oben im Abschnitt über das Führen.

Untergründe

Wenn Ihr Pferd Ihnen am lockeren Führstrick folgt, so ist es an der Zeit, ihm beizubringen, dies auch auf wechselnden Untergründen zu tun. Je nachdem wie unsicher und skeptisch Ihr Pferd dieser Übung gegenübersteht, können Sie sehr einfach beginnen, indem Sie Sägespäne auf den Untergrund streuen und Ihr Pferd hierüber führen. Dies wird sicherlich nur bei ganz wenigen Pferden nötig sein, bei den meisten können Sie sicherlich schon mit einem höheren Schwierigkeitsgrad beginnen. Sie können einen großen aufgeschnittenen Pappkarton oder eine Plastikplane verwenden oder auch eine Holzbrücke, wie sie in Geschicklichkeitsparcours Verwendung findet, diese kommt einer Anhängerrampe am nächsten.

Wenn Sie ein neugieriges Pferd haben, so wird es sich vielleicht mit Interesse dem unbekannten Untergrund zuwenden. Dies können Sie sehr gut für das Training nutzen, indem Sie für jede Annäherung an den unbekannten Untergrund clicken und ein Leckerli geben, bis Ihr Pferd schließlich diesen fast von ganz alleine betreten hat. Danach sollte es auch kein Problem darstellen, das Pferd über den Untergrund zu führen.

Gehört Ihr Pferd nicht zu der neugierigen Sorte, so werden Sie eine andere Herangehensweise wählen müssen. Führen Sie es in so weitem Abstand von der Plane, dem Karton oder dem, was Sie als Untergrund haben, vorbei und clicken und geben Sie ein Leckerli für ruhiges, entspanntes Vorbeigehen. Dann nähern Sie sich langsam dem unbekannten Untergrund immer mehr an. Dabei nicht vergessen für das erwünschte Verhalten regelmäßig zu clicken und Leckerlis zu geben. Möchte Ihr Pferd den Untergrund beschnuppern und sich genau anschauen, so lassen Sie dies zu. Sie haben so außerdem wieder eine Möglichkeit zu clicken und Leckerlis zu geben. Es sollte nicht allzu lange dauern, bis Ihr Pferd sich ohne zu zögern über verschiedene Untergründe führen lässt.

Wenn zu den Lieblingsübungen Ihres Pferdes das Targeting gehört, so können Sie es auch mit Hilfe des Targetsticks dem es folgt, über verschiedene Untergründe führen.

Eine weitere Möglichkeit ist es, ein Target auf den Untergrund zu stellen und das Pferd aufzufordern, dieses mit der Nase zu berühren.

Engpässe

Als Nächstes führen Sie Ihr Pferd durch Engpässe und lassen es darin anhalten. Vielleicht gibt es eine sehr schmale Stallgasse oder eine andere sichere schmale Stelle, durch die Sie Ihr Pferd führen und in der Sie es anhalten können. Bleibt es während dieser Übung ruhig und gelassen, so können Sie sicher sein, dass das Verladeproblem nicht in Zusammenhang mit Platzangst steht. Wird Ihr Pferd jedoch unruhig oder möchte nicht durch den Engpass hindurch, so haben Sie einen Ansatzpunkt gefunden, an dem gearbeitet werden sollte. Beginnen Sie mit einer einseitigen Begrenzung wie beispielsweise der Stallwand und führen Sie Ihr Pferd dicht an dieser vorbei. Für entspanntes ruhiges Verhalten wird geclickt und ein Leckerli gegeben. Zu diesem Zeitpunkt sollte noch kein angespanntes Verhalten von Ihrem Pferd gezeigt werden, sonst liegt das Problem vielleicht an anderer Stelle. Nun fangen Sie langsam an, eine Gasse zu bilden, indem Sie in einiger Entfernung einige Strohballen nebeneinanderlegen, so dass sie eine niedrige Wand bilden. Sie können auch etwas anderes anstelle der Strohballen benutzen, diese eignen sich jedoch gut hierfür, da die Wand sowohl in der Höhe verändert als auch dichter an die feste Stallwand gerückt werden kann. Wichtig ist, dass Sie in großer Entfernung und mit möglichst niedriger Wand beginnen. Sie fangen dort an, wo Ihr Pferd noch wirklich entspannt und ruhig ist. Dann erhöhen Sie ganz allmählich die Wand bzw. rücken sie näher an die feste Stallwand

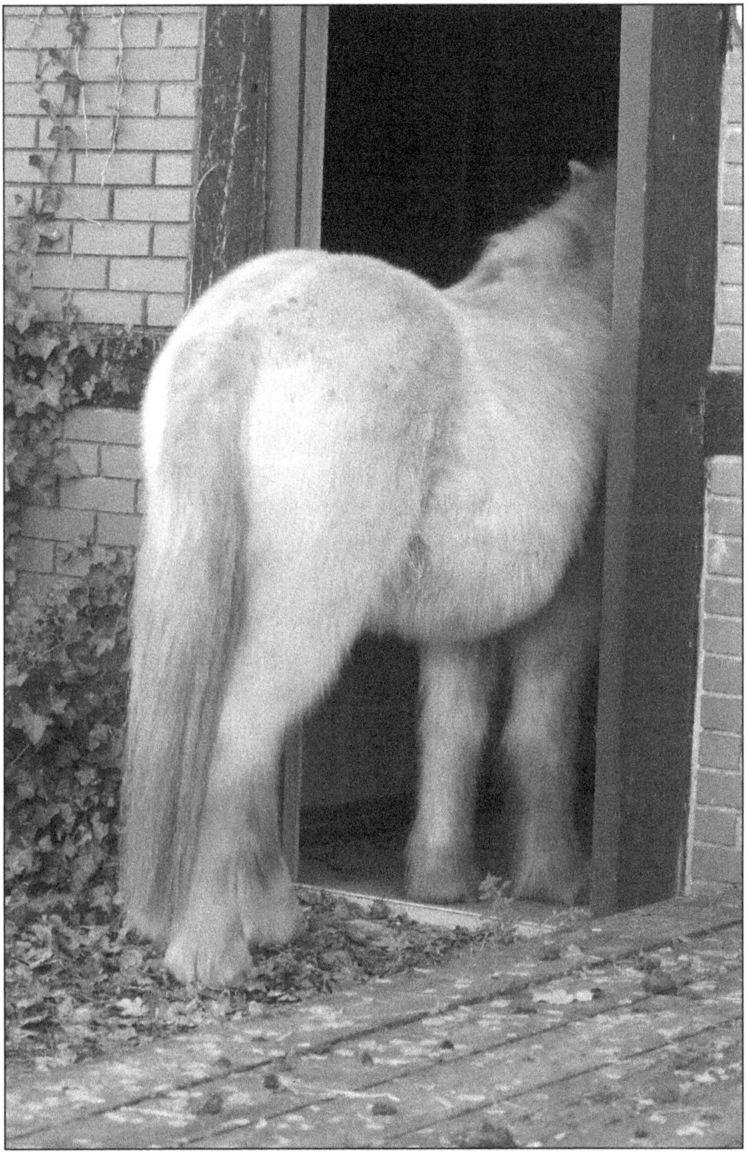

Gezieltes Training führt zu einem entspannten Pferd, auch in Engpässen.

heran. Es ist sehr hilfreich, wenn Sie hierfür einen Helfer haben, denn so können Sie sich ganz darauf konzentrieren, Ihr Pferd zwischen Stallwand und Strohballen entlangzuführen und für erwünschtes ruhiges Verhalten zu bestärken.

Sollte Ihr Pferd eine ganz leichte Anspannung zeigen, so ignorieren Sie diese und führen Sie es erneut durch den Engpass, ohne ihn zu verschmälern. Dies wiederholen Sie so lange, bis Ihr Pferd entspannt ist und Sie dafür clicken können. Sollte Ihr Pferd stark angespannt sein, so haben Sie die Anforderungen wahrscheinlich zu schnell angehoben und Sie sollten einen oder mehrere Schritte zurückgehen. Sie werden diese Übung sicherlich nicht nur einmal durchführen. Hierbei sollten Sie beachten, dass Sie bei der nächsten Übungseinheit nicht dort wieder anfangen, wo Sie das letzte Mal aufgehört haben. Hat Ihr Pferd sich in der letzten Trainingseinheit durch einen etwa einen Meter breiten Engpass führen lassen, so beginnen Sie in einer neuen Trainingseinheit mit einem etwas breiteren Engpass, um sicherzugehen, dass Ihr Pferd die Aufgabe bewältigt und mit etwas Positivem beginnt. Es wird dann sicherlich ohne Schwierigkeiten den einen Meter breiten Engpass bewältigen. Wichtig ist, dass Sie direkt mit einer bekannten Übung starten, die Ihr Pferd ganz sicher erfüllen wird und für die Sie es direkt positiv bestärken können.

Anbinden

Nun testen Sie, ob sich Ihr Pferd problemlos anbinden lässt und einige Zeit ruhig stehen bleibt. Wenn es sich um ein erwachsenes Pferd handelt, so kennt es diese Übung wahrscheinlich schon, Ihrem jungen Pferd müssen Sie diese wichtige Lektion noch beibringen, denn von Natur aus mögen Pferde es nicht, angebunden zu sein, da sie so an der Flucht bei möglicher Gefahr gehindert werden. Wenn Ihr erwachsenes Pferd Probleme mit dieser Übung schon am Putzplatz hat, so ist es besonders wichtig, mit dem Pferd daran zu arbeiten, denn Sie möchten sicherlich kein

Pferd, das versucht sich während der Anhängerfahrt loszureißen, und Sie können es nicht riskieren, Ihr Pferd nicht anzubinden, um dem Problem aus dem Weg zu gehen.

Geschlossene Räume

Ein weiterer Schritt zum erfolgreichen Verladen ist, dass Ihr Pferd es gewohnt ist, in geschlossenen Räumen zu sein. Bei Boxenpferden ist dies meist kein Problem. Pferde, die jedoch ausschließlich auf der Weide gehalten werden und noch nie in einem Gebäude waren, reagieren häufig mit Unwohlsein oder sogar Panik. Auch wenn wir Menschen eine Box gerade bei schlechtem Wetter als anheimelnd empfinden, so sind unsere Pferde keine Höhlenbewohner wie wir es einmal waren, und empfinden die Enge eher als bedrohlich. Pferde müssen also erst lernen, dass eine Begrenzung an den Seiten und nach oben keine Gefahr bedeutet. Möchte Ihr Pferd ein Gebäude oder eine Box nicht betreten, so wird es diese Abneigung sicherlich auch gegen den Anhänger haben, denn auch hier handelt es sich um eine Art von geschlossenem Raum. Es ist deshalb sinnvoll, das Pferd vor dem Verladen daran zu gewöhnen, geschlossene Räume zu betreten und diese nicht als Bedrohung zu empfinden.

Verweigert Ihr Pferd bereits das Betreten eines geschlossenen Raumes, so gehen Sie so weit an diesen heran, bis Ihr Pferd nicht mehr weitermöchte. Hier warten Sie dann in aller Ruhe ab. Sobald das Pferd von sich aus eine Bewegung oder einen Schritt in Richtung des geschlossenen Raumes macht, clicken Sie und geben ein Leckerli. Die selbstständige Annäherung des Pferdes wird bestärkt. Sollte Ihr Pferd von sich aus keinerlei Anzeichen machen, sich dem geschlossenen Raum zu nähern, so fordern Sie es zum Antreten auf. Haben Sie das Führen gut geübt, so wird Ihr Pferd zumindest eine Gewichtsverlagerung nach vorne machen, wenn schon keinen Schritt. Sie bestärken selbst diese noch so kleine Bewegung in die richtige Richtung. Wenn Sie auf jeden Fall ruhig bleiben, Ihr Pferd bestärken, wenn es sich von selbst in die richtige Richtung bewegt, und ab und an auffordern, den Raum oder die Box zu betreten, so werden Sie früher oder später Erfolg haben. Um es dem Pferd etwas einfacher zu machen, kann es am Anfang hilfreich sein, wenn ein anderes Pferd bereits in der Box oder dem Gebäude ist. Hat Ihr Pferd dann den geschlossenen Raum betreten, so geben Sie ihm etwas Futter und es wird die unheimliche Höhle gleich mit etwas Positivem verbinden.

Betritt Ihr Pferd zwar geschlossene Räume, fühlt sich dann aber extrem unruhig, so können Sie auch hieran mit dem Clicker arbeiten. Zunächst einmal sollten Sie darauf achten, dass Sie selbst entspannt sind und Ruhe ausstrahlen. Dann ignorieren Sie Ihr Pferd, wenn es aufgeregt oder angespannt ist. Reden Sie nicht beruhigend auf Ihr Pferd ein und versuchen Sie nicht, es mit Futter abzulenken. Ist es von sich aus kurze Momente ruhig und entspannt, so bestärken Sie dieses Verhalten, indem Sie clicken und ein Leckerli geben. Mit der Zeit wird Ihr Pferd immer öfter ruhig und entspannt sein, da dieses Verhalten zu Ihrer Aufmerksamkeit und zu positiven Bestärkungen führt. Wenn Ihr Pferd von sich aus keine Momente zeigt, in denen es entspannt ist, so fordern Sie es auf, ganz leichte Übungen auszuführen wie das Berühren des Targetsticks oder auf Druck weichen lassen, die Ihr Pferd gut beherrscht und für die Sie es dann bestärken können. So muss sich Ihr Pferd auf ein Verhalten konzentrieren, das ihm Sicherheit gibt und das mit einem aufgeregten, angespannten Verhalten nicht vereinbar ist. Mit der Zeit wird es so auch in geschlossenen Räumen ruhig und entspannt bleiben.

Zusammenfügen der einzelnen Übungen

Wenn alle einzelnen Übungen für sich genommen entspannt und souverän von Ihnen und Ihrem Pferd gemeistert werden, dann ist es an der Zeit, diese wieder zusammenzufügen und erneut am eigentlichen Vorgang des Verladens zu arbeiten. Erwarten Sie nicht, dass Ihr Pferd jetzt den Anhänger stürmt, sobald es diesen sieht. Besonders ein älteres

Pferd, das zuvor Probleme beim Verladen gemacht hat, wird dies auch nach diesen Übungen erst mal tun. Achten Sie beim Verladen auf eine ruhige Atmosphäre, Sie können keine Zuschauer gebrauchen, die alle gute Tipps geben wollen, diese machen Sie und Ihr Pferd nur nervös. Verlassen Sie sich besser auf Ihre gewohnten Übungen und gehen Sie wie gewohnt mit Ruhe und Bedacht an diese Aufgabe heran. Beginnen Sie mit Führübungen an einem bekannten Ort und verlegen Sie diese nach kurzer Zeit in die direkte Nähe des Anhängers. Führen Sie Ihr Pferd an die Rampe des Anhängers heran. Erwarten Sie nicht, dass es gleich zu Beginn ganz hineingeht und bestärken sie schon kleine Gewichtsverlagerungen oder Schritte in den Anhänger. Kommen Sie bereits so dicht an den Anhänger, dass Ihr Pferd bereits die Vorderhufe auf die Rampe setzt, so lassen Sie es hierbei vorerst beruhen und schicken Sie Ihr Pferd zunächst wieder einige Schritte zurück, bevor Sie weitermachen. Sollte Ihr Pferd von sich aus stehen bleiben, so machen Sie nicht den Fehler, es vom Anhänger wegzuführen und mit Anlauf erneut auf den Anhänger führen zu wollen. Hierdurch entfernen Sie sich immer mehr von Ihrem eigentlichen Ziel, denn Ihr Pferd wird immer früher anhalten, so dass Sie sich schließlich Meter vom Anhänger entfernt wiederfinden. Bleiben Sie besser ruhig stehen und geben Sie Ihrem Pferd etwas Zeit. Macht es von sich aus Anstalten, in den Anhänger zu gehen, so clicken Sie und geben ein Leckerli. Kommt von Ihrem Pferd keine Reaktion, so üben Sie leichten Druck mit dem Führstrick in Richtung Anhänger aus. Hat Ihr Pferd zuvor gelernt auf Druck nachzugeben, so sollte es dem Druck weichen, also sich in Richtung Anhänger bewegen, zumindest ist nicht zu erwarten, dass es mit heftigem Steigen oder Ähnlichem reagiert. Weicht Ihr Pferd nicht sofort, so erhalten Sie den leichten Druck aufrecht, ohne ihn zu erhöhen, denn Sie wollen sich hier nicht auf ein Kräftemessen einlassen. Sobald das Pferd seinen Gegendruck etwas verringert, geben Sie sofort nach, clicken und geben ein Leckerli. Mit Ruhe und Geduld sollten Sie Ihr Pferd auf diese Weise verladen können. Wenn es schließlich ganz auf den Anhänger hinaufgegangen ist, so lassen Sie es einen Moment stehen und fordern Sie es dann auf, langsam wieder zurückzugehen. Hier macht es sich bezahlt, wenn Ihr Pferd gelernt hat, ruhig rückwärts zu gehen, denn viele Pferde rennen regelrecht rückwärts aus dem Anhänger, was ein Verletzungsrisiko birgt. Nachdem Sie Ihr Pferd einige Male auf den Anhänger geführt haben, lassen Sie von einem Helfer zuerst die Stange und dann die Klappe schließen. Erst danach binden Sie Ihr Pferd fest. Würden Sie Ihr Pferd festbinden, bevor der Anhänger hinten geschlossen ist, so könnte es passieren, dass das Pferd nach hinten zieht und dadurch, dass es schon angebunden ist, hinfällt und sich verletzt. Beim Ausladen verfahren Sie deshalb genauso. Also binden Sie Ihr Pferd immer erst los, bevor ein Helfer die Stange hinten öffnet.

Steht Ihr Pferd bei geschlossener Klappe auf dem Anhänger, so beginnen Sie mit kurzen Fahrten. Hierbei kann gerne ein erfahrenes Pferd Ihr Pferd begleiten. Zunächst reichen wenige Minuten, die wieder auf Ihrem Hof enden. Danach können Sie auch kurze Fahrten in die Umgebung unternehmen und Ihr Pferd an anderer Stelle ausladen. Lassen Sie es etwas grasen oder gehen Sie mit Ihrem Pferd spazieren, bevor Sie die Rückfahrt antreten. Machen Sie zu Beginn auf jeden Fall nichts, was Sie oder Ihr Pferd stressen könnte, und legen Sie Ihr Augenmerk auf das Verladen und nicht auf den Ausflug. Haben Sie diese Übung einige Male wiederholt, so sollte dem Ausritt in fremder Umgebung oder dem Kursbesuch eigentlich nichts mehr im Weg stehen.

Verladen mit Targeting

Eine weitere Möglichkeit, Ihr Pferd stressfrei zu verladen, besteht darin, Ihr Pferd mit Hilfe von Targeting auf den Anhänger zu führen. Wenn Ihr Pferd und auch Sie Gefallen an dieser Übung gefunden haben und Ihr Pferd dem Targetstick sicher folgt, auch über Bodenhindernisse, so bietet es sich geradezu an, das Pferd auf diese Weise zu verladen. Der Vorteil liegt darin, dass sich das Pferd (und auch Sie) auf eine zu erfüllende Aufgabe konzentriert und dabei weniger Aufmerksamkeit der Verladesituation schenken kann, die vielleicht stressbelastet ist. Außerdem ist das

Mit dem Targetstick findet das Pferd ruhig
und entspannt seinen Weg auf den Anhänger.

Folgen des Targetsticks für das Pferd eine bekannte Situation, die in der Vergangenheit zu Clicks und Leckerlis, also zu Wohlbefinden, geführt hat. Die Wahrscheinlichkeit, dass das Folgen des Targetsticks wieder zu Wohlbefinden führt, ist relativ hoch.

Gehen Sie auch bei dieser Übung langsam und in Ruhe vor und verlangen Sie nicht, dass Ihr Pferd sofort ganz in den Anhänger geht. Beginnen Sie beispielsweise damit, dass Sie Ihr Pferd an den Anhänger heranführen, lassen Sie es dann nur die Vorderhufe auf die Rampe setzen und es wieder ruhig und langsam zurücktreten und vergessen Sie nicht, für jeden dieser Schritte zu clicken und ein Leckerli zu geben. Schneller, als Sie denken, wird Ihr Pferd entspannt und ruhig in den Anhänger und wieder hinausgehen, und Sie können dem Ernstfall gelassen entgegenblicken.

Wenn der Tierarzt oder Hufschmied kommt

Jeder verantwortungsbewusste Pferdebesitzer lässt sein Tier in regelmäßigen Abschnitten vom Hufschmied ausschneiden oder beschlagen, und auch Besuche vom Tierarzt zum Impfen oder Verabreichen der Wurmkur stehen mehrmals jährlich an. Für die meisten Besitzer und ihre Pferde sind diese Termine reine Routine, bei anderen verursachen sie jedoch schon Tage vorher ein mulmiges Gefühl. Der Tag der Behandlung gestaltet sich dann für Pferd, Besitzer, Tierarzt und Hufschmied nervenaufreibend und anstrengend, durch ein Pferd, das mit der Situation entweder überfordert ist oder nie die Grundregeln guten Benehmens erlernt hat.

Im Extremfall reicht bereits der bloße Anblick von Tierarzt oder Hufschmied, um aus dem netten Freizeitpartner ein unberechenbares Wildpferd zu machen. Auch wenn Sie wahrscheinlich nicht den Tierarzt oder Hufschmied für Trainingszwecke einladen können, so gibt es doch einige Übungen, wie Sie Ihr Pferd bereits im Vorfeld gezielt auf diese Besuche vorbereiten können. Zeigt Ihr Pferd bereits unerwünschtes Verhalten wie Anspannung und Abwehrreaktion, sobald eine dieser Personen den Hof oder Stall betritt, so ist dies mit großer Wahrscheinlichkeit auch bei einigen anderen Personen der Fall, so dass Sie bereits hier ansetzen können. Meiner Meinung nach sollte jedes Pferd den Umgang und die Behandlung durch verschiedene Personen kennen und dies als selbstverständlich ansehen. Bei einigen Pferden resultiert die Abneigung gegen bestimmte Personen oder Personengruppen aus negativen Erfahrungen, andere Pferde wurden leider nie hieran gewöhnt, doch es ist leider alles andere als schick, ein Ein-Mann- oder Ein-Frau-Pferd zu besitzen, spätestens dann, wenn dies zu Problemen bei der Versorgung des Pferdes führt.

Annäherung fremder Personen

Reagiert Ihr Pferd bereits auf die Annäherung von fremden Personen mit unerwünschtem Verhalten, so konfrontieren Sie Ihr Pferd mit einer fremden Person in so großer Distanz, dass Ihr Pferd die Person zwar wahrnimmt, aber keine unerwünschte Reaktion zeigt. Dieses erwünschte Verhalten bestärken Sie dann mit einem Click und einem Leckerli. Sollte Ihr Pferd ein wenig angespannt sein, so ignorieren Sie dies, warten einen Moment ab und clicken und geben ein Leckerli, wenn es sich entspannt hat. Entspannt sich Ihr Pferd nicht, so war der Abstand zwischen der fremden Person und dem Pferd für den Moment noch zu gering. Sie gehen weiter so vor, dass sich die fremde Person nach und nach immer mehr dem Pferd nähert und Sie Ihr Pferd für ruhiges entspanntes Verhalten positiv bestärken. Ihr Endziel sollte sein, dass eine fremde Person Ihr Pferd anfasst, putzt und ein paar bekannte Führübungen mit ihm macht. Sie können bereits während der Übungsphase die Person öfters mal wechseln, so dass es immer eine fremde Person bleibt. Dabei reicht es aus, wenige Minuten pro Tag zu üben, so dass sich sicherlich ein Reitpartner oder Stallkollege finden wird, der diese Aufgabe kurz übernimmt.

Hufegeben

Kennt Ihr Pferd noch nicht die Abläufe eines Tierarzt- oder Hufschmiedbesuches oder hat es bereits eine Abneigung gegen diese, so können Sie diese nachstellen und gezielt üben. Das Berühren des Pferdes am gesamten Körper sollte ebenso zu einer Selbstverständlichkeit werden wie das Hufegeben. Zunächst bringen Sie Ihrem Pferd bei, sich überall am Körper anfassen zu lassen. Dazu streichen Sie es vorsichtig überall ab. Merken Sie, dass es eine oder mehrere Stellen gibt, an denen Ihr Pferd sich nicht anfassen lassen möchte, so gehen Sie an diesen Stellen wie gewohnt vor. Sie tasten sich langsam an die Stelle heran und bestärken Ihr Pferd, wenn es Sie an diese Körperstellen heranlässt. Beim Hufegeben gehen Sie auf die gleiche Weise vor. Streichen Sie das Bein des Pferdes ab, clicken Sie und geben ein Leckerli, wenn es das Bein entspannt stehen lässt. Nun üben Sie ein wenig Druck auf das Bein aus, worauf das Pferd dieses anheben sollte. Als Nächstes heben Sie das Bein an, clicken und setzen Sie das Bein wieder ab und geben dann das Leckerli. Bei dieser Übung ist es hilfreich, einen Helfer zu haben, der am Kopf des Pferdes steht und das Leckerli geben kann. Ich bevorzuge es, selbst zu clicken, da ich dann genau merke, wann das Pferd wirklich entspannt ist, was für den Helfer nicht immer ersichtlich ist. Nach und nach verlängern Sie die Zeit, in der das Pferd das Bein oben halten soll. Kratzen Sie den Huf aus, klopfen Sie gegen den Huf und bewegen Sie das Bein sowohl nach hinten als auch nach vorne. Machen Sie all das, was Ihr Hufschmied vielleicht in leicht abgewandelter Form tun würde. Wenn diese Übungen bei Ihnen gut funktionieren, so lassen Sie andere Personen die gleichen Übungen mit Ihrem Pferd machen. Auf diese Weise generalisiert Ihr Pferd das Verhalten und bringt es bei Ihnen und auch bei anderen Personen mit etwas Positivem in Verbindung.

Hat Ihr Pferd bereits eine Abneigung gegen den Hufschmied oder das Hufegeben, so ist es sinnvoll, die oben beschriebene Übung nicht an dem Platz zu üben, an dem das Pferd normalerweise die Hufe gesäubert oder ausgeschnitten bzw. beschlagen bekommt, sondern an einem anderen Ort. Dies geschieht aus dem Grund, dass Pferde Verhalten auch mit Orten und Personen verbinden. Üben Sie also zunächst an einem anderen Ort und gehen Sie erst wieder an den üblichen Putzplatz oder Beschlagplatz zurück, wenn es an anderer Stelle gut klappt. Es kann zusätzlich hilfreich sein, das Pferd am Beschlagplatz zu füttern oder andere angenehme Dinge mit diesem Ort zu verbinden.

Kennt Ihr Pferd den Qualm beim Heißbeschlag noch nicht oder mag es diesen nicht, so können Sie sich das Lernen durch Gewöhnung zu Nutze machen. Binden Sie Ihr Pferd neben einem erfahrenen Pferd an, das beschlagen wird, und lassen Sie es sich so an die Gerüche und Geräusche gewöhnen. Zusätzlich können Sie Ihr Pferd mit Clicker und Leckerli bestärken, wenn es entspannt neben dem Artgenossen stehen bleibt und sich alles genau anschaut.

Spritzen und Wurmkuren

Macht Ihnen und Ihrem Pferd der Tierarztbesuch ein ungutes Gefühl, so können Sie auch hieran gezielt arbeiten. Lässt Ihr Pferd sich bereits gut führen und anbinden und ist es an fremde Menschen gewöhnt, so sind die ersten Schritte in die richtige Richtung getan. Die gängigsten Handgriffe bei einem Tierarztbesuch sind sicherlich die allgemeine Untersuchung und die Impfung. Lässt sich Ihr Pferd von Ihnen und auch anderen Personen am gesamten Körper anfassen, so stehen die Chancen, dass Ihr Pferd sich auch vom Tierarzt anfassen und untersuchen lässt, nicht schlecht. Bereitet das Impfen oder auch die Verabreichung der Wurmkur ein Problem, so benutzen Sie eine leere Aufziehspritze ohne Nadel. Zunächst bringen Sie Ihrem Pferd bei, dass von diesem Gegenstand keinerlei Gefahr ausgeht, falls bereits der Anblick Ihr Pferd anspannt. Hat Ihr Pferd bereits das Schreckgespenster-Training durchlaufen, so wird dies eine leichte Übung für Sie werden. Um das Impfen zu üben, stellen Sie sich neben das Pferd, halten die Spritze in der Hand und klopfen mit der anderen Hand gegen den Hals des Pferdes, so wie der Tierarzt es auch tun würde, wenn er Ihr Pferd spritzt. Bleibt Ihr Pferd gelassen, so clicken Sie und geben ein Leckerli. Sollte die Übung nicht auf Anhieb klappen, gehen Sie wie gewohnt Schritt für Schritt vor, bis Sie das Endziel erreicht haben. Nachdem diese Übung bei Ihnen gut geklappt hat, ist es sinnvoll, sie noch mit anderen Personen zu üben.

Hat Ihr Pferd eine Abneigung gegen die Verabreichung der Wurmkur, die Sie wahrscheinlich selbst geben, so können Sie auch dies gezielt geübt. Viele Pferde beginnen bereits den Kopf hochzureißen, wenn sie die Spritze mit der Wurmkurpaste in der Hand des Menschen sehen, und halten ihren Kopf kaum still, so dass es mehr als schwierig ist, die gesamte Paste in das Pferdemaul zu bekommen. Benutzen Sie auch hierfür eine leere Aufziehspritze, mit der Sie sich langsam dem Pferdemaul nähern. Hält das Pferd den Kopf ruhig, so clicken Sie und geben ein Leckerli, während Sie das Hochreißen des Kopfes ignorieren. Auf diese Weise bringen Sie dem Pferd bei, den Kopf ruhig zu halten, während Sie sich mit einer Spritze dem Pferdemaul nähern. Es kann hilfreich sein, die Spritze von außen mit etwas Honig einzureiben oder auch mit Apfelsaft zu füllen, je nach Geschmack Ihres Pferdes. So wird mit der Verabreichung einer Spritze ins Maul etwas Leckeres verbunden. Es lohnt sich, dieses Training zwischen den Wurmkuren mehrmals zu wiederholen, dann kann Ihr Pferd bald die Verabreichung schon nicht mehr erwarten.

Abtrainieren von unerwünschtem Verhalten

Wie Sie bereits gelesen haben, sind die hier beschriebenen Methoden sowohl für Pferde anwendbar, die noch keinerlei Trainingserfahrung haben, als auch für Pferde, die bereits eine Aversion gegen bestimmte Gegenstände oder Situationen aufgebaut haben. Auch wenn die Methode für alle Pferde die Gleiche ist, so sollten Sie doch bei Pferden, die bereits ein unerwünschtes Verhalten zeigen, besonders darauf achten, dass Sie nicht unbewusst das unerwünschte Verhalten bestärken. Dies geschieht besonders häufig in Situationen, die von uns selbst als angespannt und stressig empfunden werden, beispielsweise wenn der Tierarzt oder Hufschmied kommt oder das Pferd in den Anhänger verladen werden soll. Unsere Pferde nehmen diese Anspannung und Veränderung in unserem Verhalten wahr, auch wenn sie uns selbst vielleicht nicht einmal bewusst ist, und reagieren ihrerseits mit angespanntem, hektischem Verhalten. Es ist nicht verwunderlich, wenn unsere Pferde in so einer Situation herumtänzeln, steigen oder ein anderes unerwünschtes Verhalten zeigen, sind sie doch der Meinung, dass es sich um eine potenziell gefährliche Situation handelt, denn wie sollte sich sonst unser angespanntes Verhalten erklären lassen. Der erste und wahrscheinlich schwierigste Schritt ist, dass wir unser eigenes Verhalten genau beobachten und versuchen ruhig und gelassen zu bleiben, was zumeist leichter gesagt als getan ist. Wenn das Pferd dann aus verständlichen und nachvollziehbaren Gründen nicht ruhig und gelassen steht, während der Tierarzt es impfen oder der Hufschmied die Hufe ausschneiden möchte, so machen wir dies durch unser Verhalten meist nicht besser. Auch wenn Sie es nur gut meinen, wenn Sie Ihrem Pferd beschwichtigend zureden oder ihm ein Leckerli geben, um es abzulenken, so werden Sie langfristig auf diese Weise kein Pferd bekommen, das Tierarztuntersuchungen und Hufschmiedtermine ruhig und gelassen entgegensieht. Wenn wir diese Situation ohne Emotionen aus lerntheoretischer Sicht betrachten, so werden wir feststellen, dass das Pferd vielleicht Angst hat und gestresst ist, vielleicht aber auch nur frech und schlecht erzogen ist. In jedem Fall wird es aber durch unser Verhalten lernen, dass es sich lohnt, bei Tierarzt- und Hufschmiedbesuchen herumzutänzeln, zu steigen und sich wie ein Wildpferd zu benehmen. Sie wissen bereits, dass Pferde Futter und sozialen Kontakt als Bestärker ansehen. Wenn Ihr Pferd beim Impfen versucht zu steigen oder den Huf wegzieht, während der Schmied ihn ausschneiden möchte, und Sie in diesem Moment ein Leckerli geben oder beschwichtigend auf das Pferd einreden, so möchten Sie Ihrem Pferd in diesem Moment beibringen, dass es ruhig sein soll und keine Angst zu haben braucht, das Pferd hat jedoch etwas anderes gelernt. Ob Sie beschwichtigend oder lobend mit Ihrem Pferd sprechen, macht keinen großen Unterschied, der Klang Ihrer Stimme und Ihre Tonlage sind sehr ähnlich, und woher soll das Pferd wissen, dass das Leckerli, das es bekommt, während der Tierarzt es impfen will, keine Bestärkung für das gezeigte Verhalten ist, sondern dazu dient, es von der, wie Sie meinen, unangenehmen Situation abzulenken. Aus Sicht des Pferdes ist es eindeutig, dass das gezeigte Verhalten, also Steigen und Herumtänzeln, bestärkt wurde, denn Futter und sozialer Kontakt sind für die meisten Pferde sehr wichtige primäre Bestärker.

Das Schwierigste wird also sein, wenn Sie Ihrem Pferd ein unerwünschtes Verhalten abtrainieren möchten, Ihr eigenes Verhalten zu kontrollieren, ich spreche da aus eigener Erfahrung. Auch wenn wir theoretisch wissen, wie wir in solchen Situationen agieren und reagieren sollen, so darf man nicht die emotionale Bindung unterschätzen, die die meisten von uns zu ihrem Pferd haben. Wenn ich sehe, wie eins meiner Pferde sich gegen eine Tierarztbehandlung zu wehren versucht, so muss ich mir noch heute auf die Zunge beißen, um nicht zu sagen *Ist schon gut, ist ja gleich vorbei*, sondern stattdessen das Verhalten zu ignorieren.

Und noch eine Sache: Erwarten Sie nicht, dass sich unerwünschtes Verhalten in kürzester Zeit abstellen lässt. Oftmals besteht das Verhalten

Negative Bestrafung: Unerwünschtes Verhalten wird ignoriert.

bereits eine ganze Weile und ist somit ein fester Bestandteil des Verhaltensrepertoires Ihres Pferdes. Es reicht also nicht aus, ein- oder zweimal eine Situation gezielt zu üben und dann zu erwarten, dass das Pferd im Ernstfall nicht in sein altes unerwünschtes Verhalten zurückfällt. Wenn Sie jedoch etwas Zeit und Geduld aufbringen, werden Sie mit der Zeit ein Pferd bekommen, das ein wirklich angenehmer Freizeitpartner ist und um den Sie von vielen beneidet werden.

Zum Schluss

Mit jedem Buch, das ich zum Thema Pferde lese, hinterfrage ich mein bisheriges Verständnis zum Individuum Pferd, meine Kommunikation und meine Methoden. Manche Bücher sind es wert, meine Herangehensweise und Methoden zu überdenken und vielleicht sogar zu ändern, andere Bücher wiederum bestätigen mich auf meinem eingeschlagenen Weg.

Ich weiß, dass die Trainingsansätze in diesem Buch weder neu sind, noch eine Garantie für Erfolg versprechen, auch wenn sie sich für mich im Laufe der Jahre als sinnvoll und erfolgreich herausgestellt haben. Vielleicht ist es mir aber gelungen, Sie durch diese Zeilen anzuregen, Ihre eigenen Trainingsmethoden zu hinterfragen, sich bestätigt zu fühlen oder Ihre Methoden vielleicht sogar zu verändern.

Lassen Sie bei der Anwendung der hier aufgezeigten Methoden bitte stets Umsicht und Sorgfalt walten, und wenden Sie sich bei Zweifeln an einen kompetenten Trainer. So werden auch Sie bald ein Pferd mit guten Manieren Ihr Eigen nennen können.

CPSIA information can be obtained
at www.ICGtesting.com
Printed in the USA
BVHW071441210621
610124BV00003B/509

9 783837 022674